神奇的海水

白福臣　李　祥　吴春萌 等　编著

中国农业出版社
北　京

本书由广东省科技计划项目科技创新普及领域专项资金项目（2019A141405023）、海洋经济创新发展区域示范专项（GD2012-D02-003）和广东海洋大学海洋文化产业研究中心经费资助出版

蔚蓝色的海洋，波涛汹涌无边无际。海洋覆盖了地球表面的70.8%，平均水深约为4 000米，蕴藏着无穷无尽的资源宝藏。它与人类的生存、发展有着极其密切的关系。可持续地开发利用海洋资源，保护海洋生物多样性和生态环境稳定性，是解决当今世界面临的人口、资源、环境三大问题的重要途径。但是海洋与陆地不同，它具有自身的特殊性与复杂性，并且人们对海洋的认识远远不及对陆地的认识深刻。因此，为了更好地利用海洋资源，人们需要树立起海洋意识，普及海洋知识。而海洋科普教育得从娃娃抓起，青少年是国家发展的未来，在海洋世纪中更需要青少年从小、从各个方面了解海洋，树立海洋意识。

早在2001年5月，联合国缔约国文件就指出："21世纪是海洋世纪"。2021年，我国海洋产业生产总值达到了9 385亿元，同比增长8.3%。随着"海洋强国"战略的深入实施，国家政策大力扶持海洋发展，但是在目前的课本教材里，海洋教育的比重占得非常少，孩子们很少能受到系统性的海洋教育。目前小学教育阶段乃至初高中阶段并没有将海洋教育纳入到教育体系中来，没有系统化的海洋知识系列教材，更缺乏关于海水相关的科普类教材。因此，要想真正地让青少年从小、从各个方面了解海洋，树立海洋意识，必须将海洋教育纳入到小学课程中来，并编写相关教材。青少年只有生活在海洋教育的氛围中，才能潜移默化地培养起海洋意识，为建设海洋强国提供智力支撑。人们常说中国领土有960万平方千米，但是有多少人知道还有300万平方千米的海洋面积呢？海洋含有13.5亿立方千米以上的水，占所有水资源的近96.5%，但可用于人类饮用的水资源部分仅有2%。那么海水能变淡水吗？为什么海洋有不同的颜色？海水中有哪些微量元素呢？深层海水能够改善作物品质吗？这些都是关于海水的一些最基本科普常识问题，但是很多人无法对此作出正确的解读，因此亟须编写一部专门关于海水的科普著作来阐述这些问题。

考虑上述背景，本书针对青少年的特点，立足中国本土情况，以海水为切入点，将海水进行分类分层再量化，灵动的海水、魔幻的表层海水、多变的深层海水并利用现代信息技术，让青少年更加深刻地了解海水作用的多样性，满足青少年的好奇心。一方面丰富青少年的海洋知识体系，也便于不同年龄阶段的读者进行阅读；另一方面也能够贴近中国大众的日常生活，帮助读者更好地树立与培养海洋意识，比较科学而正确地理解海水在我们日常生活中的作用。

本书分为六章，根据海水运动形式与利用方式将海水归纳分类，针对每一类别的海水资源，按照其在现代生活中的不同作用，建立从资源到使用的联系链条，并对这个链条进行详细的解释说明，进而分析海水资源的开发与保护。本书有如下方面的贡献：

第一，普及海水的特点与分类。本书按照海水的不同使用功能和保护目标，阐述海水的基本特点，并根据海水的不同作用进行分类。即第一种按照海水运动的形式进行作用分类，可分为波浪、潮汐、洋流与浊流四种海水运动形式，产生不同的作用；第二种按照海水利用方式进行作用分类，可分为海水淡化、海水直接利用、海水化学资源利用；接着再按照其在现代生活的运用方式分析其与现代生活的联系链条：灵动的海水、魔幻的表层海水、多变的深层海水。因此，结合海水的不同作用、海水与人类现代生活的关系，分类突出海水的“神奇”，进而激发青少年对海洋知识的兴趣，更加深刻地认识海洋资源对于人类生活的重要性。

第二，介绍海水的不同作用。本书按照由浅到深，层层递进的写作方式来帮助青少年了解海水的不同作用及其在现代生活中的运用，建立从资源到使用的联系链条。链条起点为海水的某种作用，终点为该海水的利用情况、在我国的分布情况，并列举一些特别有趣的现代生活具体产品或穿插一些比较有趣的与其相关的科普知识点。海水直接利用可以与我们现代生活中的海洋开发作业、海水浴场、水产养殖等联系起来。同时，科普一些知识点，如海水淡化有多少种方式呢？世界上著名的海水浴场有哪些？总之，每个链条都会以海水的不同作用方式与改变为一个环节，以促成“神奇的海水”的有效利用为节点，然后对这个链条进行详细的解释说明，并配以丰富的图片，让读者能够对海水的不同利用过程清晰明了，进而比较轻松、愉快地理解海洋与人类的关系。

第三，解析不同类别作用的海水分布与利用状况。本书以海水的不同利用方式为链条，分析海水的不同作用及其在我国的分布与利用状况，即灵动的海水、魔幻的表层海水、多变的深层海水的分布及其在现代生活中发挥的不同作用，让青少年了解到海水的重要性，进而潜移默化地培养起青少年们的海洋意识，让他们重视海洋资源的保护与开发利用，为建设海洋强国贡献自己的一份力量。

第四，阐述海水资源的开发与保护。本书从排放污水、原油污染、海洋垃圾等视角分析海水开发需提防的行为，阐明海水污染现状、存在问题、主要危害、处理方法和相关对策。从政治、安全、经济、可持续发展等视角系统阐述保护和合理利用海水资源的有效途径。

本书是广东省科技计划项目科技创新普及领域优秀科普作品创作专题“神奇的海水”项目（2019A141405023）的研究成果，是项目团队集体智慧的结晶。项目负责人白福臣、李祥（广东海洋大学管理学院）负责全书的整体策划、修改和定稿，吴春萌负责全书的统稿和校对工作。具体撰写分工：于健豪（广东医科大学）负责第一章；肖佩瑶（广东海洋大学管理学院）、李菲（广东海洋大学审计处）负责第二章；陆莹婷（广东海洋大学管理学院）、李菲负责第三章；陈依（广东海洋大学管理学院）、李菲负责第四章；吴春萌（湛江幼儿师范专科学校）负责第五章。

本书以一种比较科学而系统的方式呈现关于海水作用的海洋科普知识点，把要普及的海水知识分为不同层次不同阶段来进行阐释，并且将其与人们的日常生活紧密相连，有利于读者透过神奇的海水，来理解海洋对于人类的意义，也有利于科学而合理地开发利用海洋资源，保护海洋生物多样性和生态环境。书中疏漏之处，真诚希望读者不吝赐教！

作　者

2022年5月于湛江

目
CONTENTS
录

第一章　海　　水

本章阐述海水的基本特点。即从海水的颜色、海水的密度分析海水的特性，对海水的不同作用进行分类，即按照海水运动的形式进行作用分类，可分为波浪、潮汐、洋流与浊流四种海水运动形式；按照海水利用方式进行作用分类，可分为海水淡化、海水直接利用、海水化学资源利用。本章将结合海水的不同特性和不同作用，分类突出海水的“神奇”。

第一节　海水的特点

一、海水的颜色

将一只透明的玻璃瓶装满海水，放在太阳下看，是没有任何颜色的，这表明海水是一种透明的无色液体。可是，如果你乘船在海上航行，看到的却是一片蔚蓝的海洋，而且离岸边愈远，海水就会变得愈蓝，这是什么原因呢？

其主要原因在于太阳光线的波长及海水的特性。阳光由红、橙、黄、绿、青、蓝、紫七种颜色构成，按照波长的不同，光的波谱图从左至右依次排列，最长的红光在最右边，最短的紫光在最左边。这意味着，红、橙、黄的波长很长，很容易被海水吸收；而紫光的波长很短，大部分都被海面反射了出来；而蓝光和周围的绿光、青光则可以穿透海水，在海水中多次折射，再通过水分子的扩散作用，形成一片蔚蓝的海洋。而且，海水中的盐离子也会增加光线的散射，让海水变成蓝色（图 1－1）。

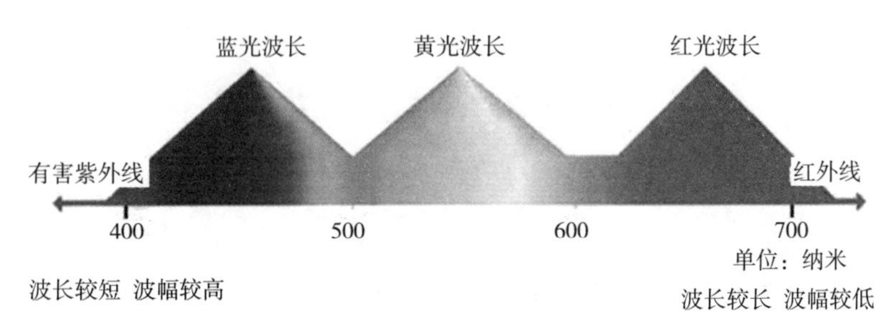

图 1-1　太阳光的波长

进一步仔细观察海水，还可以发现，由于周围环境的不断变化，海水的颜色也会随之“变化”。近海的海水由于光线充足，所以颜色比较浅；而在海底由于光线不足，视野狭小，来自太阳的光照耀到海平面时，约有 5％的光会被海面反射出去，剩下的 95％会被海水吸收，然后再向海底折射。在海水中，光的传输性质会随着波长的变化而改变。所以，太阳光会在不同深度的水中呈现出不同的色彩。越是清澈的海水，其蓝色就越深，因此，南海海域的海水颜色要远远深于东海海域的海水。而且，当海面平静的时候，海水会变得湛蓝，而在狂风的吹拂下，海水会变得漆黑一片，给人一种毛骨悚然的感觉。

除此之外，舰艇活动的安全也与海水的颜色有密切的关系。军事上利用卫星和飞机，都可能发现海下潜艇的行踪。为保持潜艇的隐蔽性，可以根据不同海区的颜色，来确定潜艇的涂色。比如有的国家规定，在大西洋活动的潜艇，要涂绿色；在红海的潜艇涂黑色；在地中海的潜艇涂红色等，这样可以使潜艇的颜色与海水颜色相协调，增强隐蔽性。

海水颜色如此富有变幻，所以在海洋调查时，把它作为重要的观测项目。要求观测的人，细心区别海水颜色的多样性。为了便于比较，通常把水色分为 21 种，按照标准做成比色计，装在

21 根玻璃管内，放在木盒中。每根管中装满不同标准色的海水，依颜色深浅顺序排好，分别编上号码。观测人站在船尾，拿着比色计与海水对照，找出与它颜色相同的一根管子记下它的编号，就定出了所观测海区的水色了。由于在不同水深处，进入的光及其比例不同，所以，不同深度的海水颜色也不同。据研究资料显示：

水深 06 米处的海水：秋天天空的蓝色

水深 20 米处的海水：失红色成分

水深 30 米处的海水：绿色

水深 50 米处的海水：嫩绿色，近于黄昏的感觉

水深 60 米处的海水：蓝黑色

水深 70 米处的海水：昏黑

水深 100 米处的海水：漆黑的世界

因此，在浅海中，我们也能看到五颜六色的鱼群和珊瑚、令人目不暇接的海底世界。在深海中，为了自我保护，海洋动物的体色和阳光的颜色是较为相近的，所以深海生物的颜色通常要比浅海生物的颜色深一些，而生活在海底的生物颜色则更深一些。比如深海鮟鱇鱼（灯笼鱼）、黑巨口鱼、金眼鲷和几百深水处的荧光鱿，身体都是黑色的，而且有的还带有发光器。

红海、白海、黑海和黄海名称是怎么来的？总的来说，红海、白海、黑海和黄海的名称都与海的颜色有关，但具体说来又各有不同之处。

红海名称的说法有五六种之多，主要的说法有四种。第一种说法是，由于红海水温较高，适宜于生物的繁殖，在部分海域的表层海水中大量生长着一种红色海藻，使得蓝蓝的海水略呈微红色，因而得名。第二种说法是，红海两岸特别是非洲沿岸，有一片绵延不断的红黄色岩壁。这些岩壁在阳光的映照下，使海上和岸上红光闪闪，所以人们称这片海域为红海。第三种说法认为，红海附近沙漠较多，常常刮热风，红色的砂粒弥漫天空，落入海

中，把海水“染”红了。第四种说法认为，“红”在当地方言中表示南方，红海即是“南方的海”的意思。其中第一种说法目前为人们所普遍接受。

白海的说法主要有两种。一种认为，这个海位于北极附近，海边覆盖着皑皑冰雪，海上漂浮着白色的冰山，使海水看起来呈现为一片白色，因而得名白海。另一种说法认为，在当地方言中“白”表示北方，白海意即“北方的海”。

黑海的说法主要有三种。第一种认为，黑海上层海水温度较高，淡水大量堆积，形成密度跃层。这种跃层具有屏障作用，使深层水和浅层水无法进行交换。200米以下的海水处于与世隔绝的状态，水中的氧得不到补充，加上硫细菌的作用，沉积在海底的大量有机物在腐解时形成了硫化氢气体，这样就把海底的淤泥污染成黑色。每当风暴来临时，海上看起来黑浪滔天，所以人们给它取名“黑海”。第二种说法是，黑海之名乃古代土耳其人所起，含有“可怕的海”之意，因为他们观察到黑海中的生物稀少，冬季海上风暴频繁，使他们产生了对大自然的恐惧，故取名“黑海”。第三种说法认为，在当地方言中“黑”和“白”都表示北方，黑海也就是“北方的海”的意思。

黄海名称的由来，主要是因为黄河等河流注入黄海的水大多来自上游的黄土高原，河水含沙量大，加之黄海水层较浅，故海水呈浅黄色，因而得名。

除以颜色命名的上述四个海外，其他海或以过去的地理新发现命名，如白令海等；或以邻近的国家和岛屿命名，如日本海等；或以地方语言命名，如波罗的海等；或以方位命名，如我国的南海等，也有的以海中特有物种命名，如珊瑚海等。

二、海水的密度

海水的密度是指单位体积内海水的质量，符号为 ρ，单位为千克/立方米、克/立方厘米。通常取决于海水的温度、盐度和气压（或者深度）等因素。海水的密度一般为 1.02～1.07 克/立方厘米。在低温、高盐、高压条件下，海水密度较大。而在高温低盐的浅水区，则密度较小。通常，从赤道到两极，气温会逐渐降低，密度会增加。在南北极，因为温度较低，海水被冻住，剩余的海水含盐量很高，因此密度也比较大。

相对密度是指在给定的物理条件下海水的密度与在 4℃和 1 个大气压下没有溶进空气的蒸馏水密度之比，也称为比重。由于蒸馏水在 4℃时的密度是 1，因此密度和比重是一样的量值①。

现场密度是根据现场温度 t、实用盐度 s、压力 p 计算出的海水密度 ρ，用符号 ρ，s，t，p 表示。在海表面取 $p=0$ 时的现场密度，以符号 ρ，s，t，0 表示。若水温 $t=0$℃，则现场密度仅为盐度的函数，以符号 ρ，s，0，0 表示。

海水比容是单位质量海水所具有的体积，是海水密度的倒数，单位为立方米/千克，它也是海水温度、盐度和压力的函数②。

现场比容是根据现场海水温度 T、实用盐度 S 和压力 P 计算出的海水比容，用符号 α，s，t，p 表示。为简便比容计算和书写，同样可引入条件现场比容 $V(v, s, t, p)$，$p=0$ 时的条件比容 $V_t(v, s, t, 0)$、p 和 t 均为 0 时的条件比容 $V_0(v, s, 0, 0)$。

物理海洋学中经常使用比容偏差和热比容偏差。比容偏差是海水现场比容 $V(\alpha, s, t, p)$ 与相同压力下盐度为 35、温度为 0℃的海水比容 $V(\alpha, 35, 0, p)$ 之差，用符号 δ 表示，即 $\delta=V(\alpha, s, t, p)-V(\alpha, 35, 0, p)$；热比容偏差是海洋表面海水的比容偏差，用符号 $\Delta s, t$ 表示，即

$$\Delta s,t = V(\alpha,s,t,0) - V(\alpha,35,0,0)$$

① 陈魁英．神秘的海水［M］．昆明：晨光出版社，1998：77.

② 高宗军，冯建国．海洋水文学［M］．北京：中国水利水电出版社，2016：34.

在海洋上层，尤其是表层，其密度的大小与水温、含盐量的关系密切相关，如图 1-2 所示。由于赤道地区的水温和含盐量都比较低，因此，表层的海水浓度最低，在 1 023 千克/立方米左右。从赤道到极点，密度是逐步增加的。在亚热带海洋中，尽管海水的含盐量最高，但是由于气温的变化并不明显，因此，海水的密度虽然增加了，但是并没有达到最大程度。最大的海水密度是在南极地区，例如南极海域，其密度可以达到 1 027 千克/立方米。在一定的深度下，海水的浓度与水温、含盐量成正比。随着深度的增大，其密度的变化趋势与温度、盐度的分布类似，并逐渐降低，到了海洋底部时，其密度变化比较均匀。

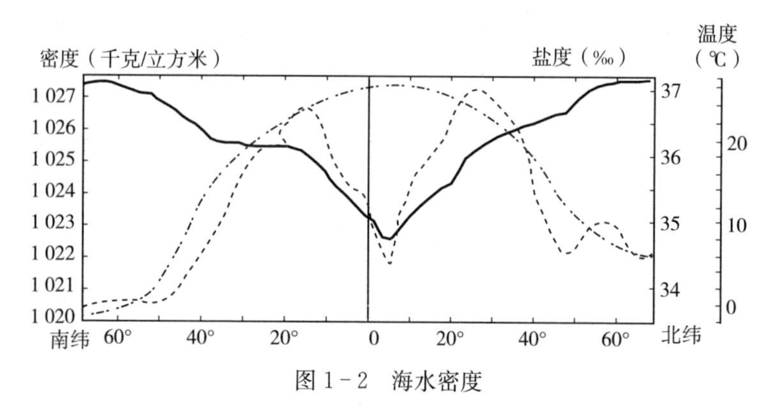

图 1-2　海水密度

在海洋中，温度的改变对海水密度的影响要大于对海水盐度的影响①。所以，在不同的深度下，密度的改变很大程度上依赖于温度。在不同深度下，海水温度呈非均匀性递减，因此，随深度的增加，海水密度呈非均匀性变化。海水密度在表层与深层之间也存在着极大的差异。在水平方向上，海洋表面密度随纬度的增高而增大，等密度线大致与纬度平行。在垂直方向上，海水的密

① 黄立文，文元桥．航海气象与海洋学［M］．武汉：武汉理工大学出版社，2014：181．

度向下递增。在海洋上层密度垂直梯度较大，密度垂直梯度在1 500米左右开始逐渐减小，在深层，密度几乎不随深度而变化。

任何影响海洋温度和盐度变化的因子，都会影响到海水的密度变化。海洋密度的日变化是很小的，因为影响因子的改变很少。在深层有密度跃层的情况下，由于内波的影响，会产生一定的波动，但是没有明显的规律性。由于受到温度和盐度年变化的影响，导致了密度年变化是一个复杂的过程。

中国海洋表面的海水密度分布与变化与气温、盐度有关。中国沿海海域，尤其是河口海域，其盐度变化很大，因此，其密度影响因素以盐度为主，离河口较远的海域则以水温为主。表层海水密度总体分布特征为：冬季密度最大，夏季密度最小，春季是降密期，秋季则是增密期。由于温度和盐度的共同影响，海水的密度分布没有温度、盐度那么规律，但总体上呈现出沿海密度较低、中心密度较高、河口密度较低的趋势。

经测量，海水的密度一般为1.010～1.030克/立方厘米。海水密度要高于淡水的密度，主要是因为在海水中，有大量的溶解盐。虽然海水密度的绝对值没有太大的差别，但是，即使是很小的密度差距，也会引起海流流动的变化。在靠近赤道的地方，由于海水温度较高，且含盐量较低，所以其表层海水密度最低。

第二节　海水的作用分类

一、海水运动形式分类

在海洋地质活动中，有波浪、潮汐、洋流、浊流4种运动形式。其地质作用又可分为海蚀作用、搬运作用和沉积作用①。

---

① 黄宗理，张良弼．地球科学大辞典．应用学科卷［M］．北京：地质出版社，2005.

（一）波浪

波浪是一种普遍存在的运动类型，它的机械能很强，主要是由于风与海面的摩擦力和风对海水的拖动作用而引起的。所谓“无风不起浪”和“无风三尺浪”这两句话听起来似乎是矛盾的，但事实并非如此，只要有风，就一定会有海浪。所谓海浪，就是海上的波浪，包括风浪、涌浪和近岸浪。在没有风的地方，也会有涌浪和近岸浪，这些海浪是从其他地方传导过来的。由于受到天体引力、海底地震、火山爆发、气压变化、海水密度分布不均等内外力的作用，造成了海面上的剧烈波动，形成了海啸、风暴潮、海洋内波等，也是“无风也有三尺浪”的真正原因。

海浪的力量很大，可以推动数十吨的巨石，也可以让一艘万吨级的大船摇晃。灾难般的巨浪和海啸，可以将船只冲到岸上，掀翻海岸上的房屋。如果能够合理地运用波浪的能源，将极大地促进经济社会的发展。

波浪能是由波浪的动能和势能组成的，它的能量与波浪的高度、波浪的运动周期、迎波面的宽度等因素有关。波浪能是海洋能源中最不稳定的一种，是将风能传递给海洋的能量，其本质是通过吸收风能来实现的。能量传输速度与风力以及风与水之间的交互作用程度密切相关。当水团相对于海平面移动时，它会产生一个势能；而当水质量点移动时，它就会产生动能。蓄积的能量是由摩擦力和紊流引起的，它的消散速率与波浪的特性和深度有关。深海大浪的能量消耗非常缓慢，这就造成了一个复杂的波浪系统，经常伴随着局地风和远方的暴风的影响。

波浪能密度高，分布范围广，是目前海洋能源研究的热点之一。这是一种可再生、洁净的能源，且取之不尽。特别是在冬季，在能耗高的情况下，可以使用的波浪能也是最多的。波浪能发电已经在导航浮标和灯塔中得到了广泛的应用。我国海域资源丰富，波浪能的理论储蓄量约为 700 万千瓦，沿海波浪能密度约为 2～7 千瓦/米。在能量流动密集地区，每米海岸线外的波浪能就足够为 20 户人家带去“光明”。

波浪发电是把波浪能转化成电能的技术①。通常，波浪能的转化分为三个阶段。第一阶段是波浪能的收集，一般利用聚波和谐振的方式将散乱的波浪能集中在一起。第二阶段为过渡阶段，也就是将波浪能转化成机械能的过程，包括机械传动、低压水力传动、高压液压传动以及气动传动。第三阶段为转化阶段，就是将机械能量通过发电机转化成电力。由于波浪发电需要稳定的输入功率，因此需要采用稳速、稳压、蓄能等技术来保证其输出功率。要使用波浪发电，就必须在海洋中建造浮体，并处理水下传输问题。沿海地区需要修建专门的水工建筑，以便收集海浪，并安装电力设施。波浪发电站是与海水有关的，因此，为了适应海洋的环境，需要考虑海水腐蚀、生物附着、抵御暴风雨等工程问题。波浪能是一种重要的能源，它还具有抽水、供热、淡化和制氢等功能，其中振荡水柱式发电也是波浪能发电应用之一，如图 1-3 所示。

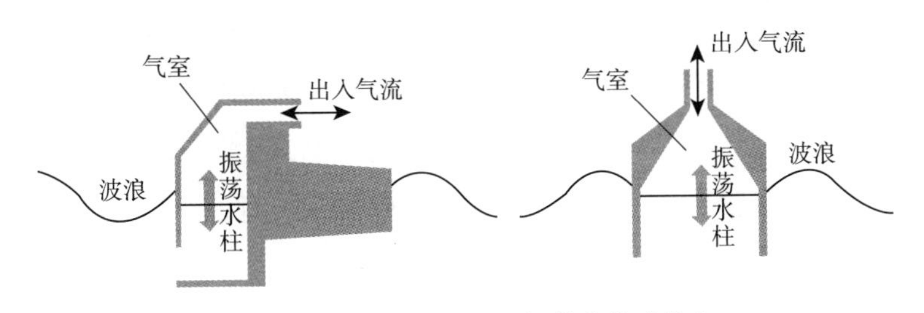

图 1-3　波浪能发电——振荡水柱式发电

（二）潮汐

潮汐是一种可再生的清洁、无污染、取之不尽、用之不竭、

① 韩冰峰，褚金奎，熊叶胜，等. 海洋波浪能发电研究进展 [J]. 电网与清洁能源，2012，28（2）：6.

无需开采和运输的能源。兴建潮汐发电站，既不需移民，也不会淹没土地，又不会造成环境污染，同时还能发展围垦、水产养殖、海洋化学等综合利用工程。由于引潮力的影响，海水的涨潮和退潮持续不断。潮水在涨潮时，会有很强的动力，随着水位的上升，会把动能转换成势能，退潮时，海水会退却，水位会不断降低，势能就会变成动能[①]。简而言之，潮汐发电就是在港湾或有潮汐的入口处建造一道拦水坝，以形成一个蓄水池，在大坝内或旁边安置一台水轮发电机组，借由涨潮时海水的涨落，带动水轮发电机发电。在能源方面，就是将海水中的动能与势能转换成电能，再由水轮机发电，如图 1-4 所示。

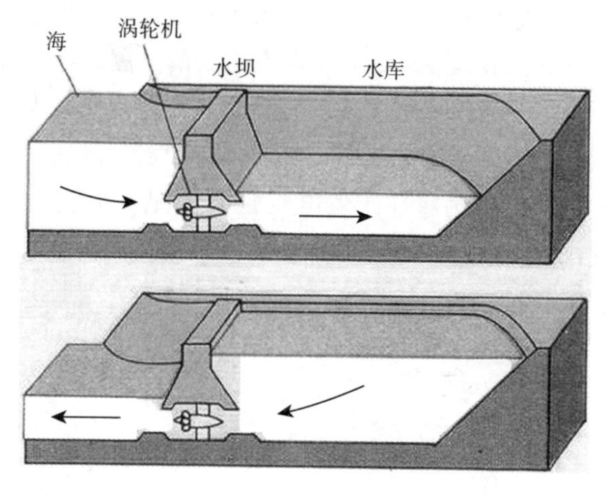

图 1-4　潮汐发电

潮汐发电的要求很高，海潮落差至少要达到数米。其次，沿海地区的地势要能够储存大量的海水，并且可以进行建筑。20 世纪初期，欧美等国对潮汐发电进行了研究。第一个具备商

① 李书恒，郭伟，朱大奎．潮汐发电技术的现状与前景［J］. 海洋科学，2006，30（12）：82-86.

业应用价值的潮汐发电站是法国郎斯电厂，于 1967 年竣工。这座发电厂坐落在法国的圣马洛湾郎斯河口，郎斯河口的最高潮差为 13.4 米，平均潮差为 8 米。一座 750 米宽的水坝跨越了朗斯河。坝上建有供车辆通过的公路桥梁，坝下有船闸、泄水闸、发电站。郎斯潮汐电站的机房内装有 24 个双向风力发电机，可以在涨潮和退潮时提供电力。总装机 24 万千瓦，每年的发电量超过 5 亿千瓦时，通过国家电网输送。经过一段时间的发展，全世界 20 多个适合建设潮汐发电站的地区，都在进行潮汐发电站的研究和设计。随着科技的发展，潮汐发电的成本也在逐渐下降，21 世纪将会陆续建成现代化的大型潮汐电站。中国于 20 世纪 50 年代就已经开始使用潮汐能，目前仍在使用的潮汐发电站大约有 10 个。浙江乐清湾江夏潮汐电站是亚洲最大的潮汐发电站，总装机达 3 200 千瓦。

潮汐能不仅可以发电、捕鱼、制盐，可以发展航运和海洋生物养殖，还可以在许多军事活动中发挥重要作用。在历史上，运用潮汐定律取得胜利的例子比比皆是。其中郑成功在 1661 年带领2.5 万人的军队，由金门岛开赴澎湖列岛，进入台湾，向赤嵌城发起进攻。郑成功的军队放弃了港口宽阔、水深、出入方便，但有重兵把守的大港口，而是选择了鹿耳门水道。鹿耳门水道附近有许多浅滩，河道狭窄，又被荷军用破烂的船只堵住，因此荷军在这里布防松懈。郑成功趁着海潮水道越来越宽，越来越深的时候，乘胜追击，顺着水流，穿过鹿耳门，在禾寮港登陆，顺利登上了赤嵌城。

（三）洋流

洋流对地表热环境起着重要的调控作用，可以将其划分为暖流与寒流。如果洋流中的温度高于到达海区温度时，称之为“暖流”；反之，如果洋流中的温度低于到达海区温度时，称之为“寒流”。通常认为，从低纬度到高纬度的洋流是暖流，而从高纬度到低纬度的洋流则是寒流。船舶顺流而下能节省燃油，加速行驶。寒流和暖流交汇时，常会产生海雾，影响航海。另外，来自北极的洋流将冰山向南方移动，对海洋运输构成了更大的威胁。暖流对沿海地区的气候起到了增温和增湿的作用，而寒流则起到了冷却和缓解沿海气候的作用。在寒流和暖流的交汇处，海水会被搅动，底层的营养盐会被带到海面，成为鱼儿的食物来源，这是一种“水障”，阻止鱼的移动，让鱼聚集在一起，容易形成大型的渔场，比如纽芬兰渔场、日本北海道渔场和秘鲁渔场等，大多位于寒暖流交汇处。

海洋里大部分的洋流都是被强劲且平稳的风所推动而形成的。这种由风直接引起的海流被称为“风海流”，或者被称为“漂流”。由于不均匀的海水密度而造成的海水流动，叫做“密度流”，又称“梯度流”或“地转流”。最有名的洋流是黑潮和湾流。洋流也能将海洋中的污染物输送到其他海域，从而加速污染的蔓延，加速本海域污染物的净化。然而，其他海域可能因此被污染，从而扩大污染的范围。

海流的一种重要的地质功能是搬运作用。表层洋流的形成主要是由于风和海水的密度差异造成的，通常水层的厚度不会超过100米；海流的流速通常为0.5～1.5米/秒，随着海水深度的增大，洋流逐渐减小，形成了不同深度的不同流速的“等深流”。洋流的地质作用是将粉砂、黏土等悬浮物质从浅海向海底缓慢输送。等深流的流速和运载能力的不同，会对其运载物质的粒度和运载方式产生一定的影响。另外，由于运输物质的沉积速度和紊流的产生，也影响了洋流的运输距离。

磷矿是由生活在100～500米深的海底的生物产生的磷酸岩物质，经过上升流带入浅水区，经过生化反应而沉积出来的。洋流在海床上产生了轻微的冲蚀作用，能够搬运细小的碎片等物质。自1966年起，在海洋底部发现了一股深海洋流，它沿着陆坡等深线的方向流动，能对陆隆上沉积物进行冲刷、搬运和再沉淀作用，因此等深流对海底沉积物的特性起着重要的影响作用。

随着科技的发展，人们可以根据水流来选择航线、发电、捕鱼等。洋流对海洋的物理、化学、生物、地质等过程的产生和发展具有重要的影响和制约作用。因此，认识和把握洋流规律以及对海洋气候的影响，对于渔业、航运、排污、军事等具有重大的作用。

（四）浊流

浊流的载重能力很强，每秒 3 米流速的浊流可以承载 30 吨的岩石。大量饱含水分的碎屑等堆积在大陆坡面上，由于受到风暴、潮流、海底地震等外部因素的影响，容易发生液化，并沿着斜坡向下流动。因此，大部分浊流发源于大陆架的外缘或大河口。在海底，浊流沿着大陆斜坡向深海平原移动，形成了一条深而陡峭的海底峡谷。浊流从峡谷进入深海平原后，速度骤降，大量的碎片和物质被堆积在一起，形成了一条长长的、舌头状的扇形沉积体，称为浊积扇。浊流沉积物为典型的陆源碎屑，并夹杂着海洋中的生物残骸，具有分选性和层理性特征。

浊流具有强烈的冲刷能力，其主要分布于大陆斜坡。目前，在各个海洋的大陆坡面上，已经发现了数以百计的海底峡谷。一般认为，这是浊流侵蚀和冲刷作用造成的。试验表明，当倾斜度为 3 度，密度为 2 千克/立方米、厚度为 4 米的浊流，其流速为 3 米/秒，可搬运2～30 吨的大型岩石。因此，在斜坡上，含有大量的岩石碎石和沙砾的浊流，其冲刷能力是很强的。极限大陆坡是海陆两个地壳的交汇点，由于断层活动而引发的地震往往会引发滑坡，从而导致大量的浊流。

浊流在输送过程中，其动力强劲，紊流强烈，不仅可以输送砾石、岩石，而且可以将大量的碎片以悬空的方式输送，其输送距离可达数千千米。但是，由于浊流在一定的时间和空间上是局部发展的，并非周期性的海洋活动，因此，它的运载能力随着时间和地点的变化而变化。浊流是一种很复杂的物质运输方式，粒径越小，沉淀速度越慢，离来源区越远。通过分选，海岸沉积物的粒径变大。而且，由于波浪的往复作用，滨海带碎片经过多次的相互研磨和翻滚，可以获得较好的磨圆效果。上述特征在海底沉积物中得到了充分的体现。

浊流的规模大，速度快，侵蚀和搬运能力强，在沉积物的沉积及地形的形成中起着举足轻重的作用。横贯大陆架与大陆坡面并在陆脊上结束的海底谷地，称为海底峡谷，就是浊流冲刷的结果，也是浊流运动的通道。在陆地和大岛的边界上，有几百米深，谷宽数千米。其首部通常发源于大河的入海口，在陆隆处分布有若干分支。在大西洋北部的格陵兰与布拉多之间，有一个世界上最长的海沟，从北到南，一直延伸到 5 000 米深的海底平原。

陆隆是浊流运载作用形成的。当浊流从大陆斜坡上倾泻而下时，由于地势的变化，水流的速度会急剧下降，从而形成了大量的悬浮物质。沉积物在海洋底部逐渐变薄形成楔形构造。没有沉淀在陆隆上的微小的悬浮物质，会被带到更远的海底平原，最后都会沉淀下来。因此，很多海底平原沉积物也与浊流运动密切相关，如图 1－5 所示。

二、海水利用方式分类

（一）海水淡化

古时，当人们在茫茫大海上进行艰难的航行，面临着淡水用完的威胁时，多么希望有一个宝物能将又苦又涩的海水变为甘甜的淡水。大家都知道海水既苦又咸，根本不能供人饮用。若用海水烧锅炉，炉壁上就会结一层厚厚的水垢。由于水垢传热很慢，

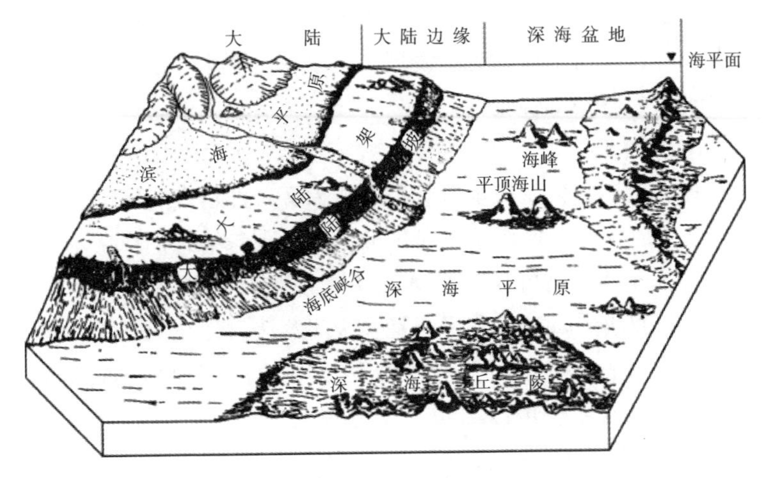

图1-5 陆隆

不仅浪费很多的热量，而且还有引起锅炉爆炸的危险。用海水浇灌农作物，植物很快就会“死亡”。为什么会出现这种现象呢?这是因为海水中含有大量的氯化钠、氯化镁、硫酸钙等80多种化学物质。海水的含盐度高达3.5%，而我们平时所喝的水含盐量仅为0.05%左右。工农业用水的含盐量，不能超过0.3%。我们经常说，地球是一个充满水的水球。然而，人类生活和发展所需的淡水数量却非常稀少。全世界97%的水都是苦咸的海水，不能饮用，不能灌溉，不能烧锅炉，不能洗涤。3%的淡水被冰封在了极地和高山上。地下深处的和浮于空气之中的淡水，也不能被直接使用。仅有0.007%的淡水存在于河流、湖泊、水库和浅地层，可供人类使用。因为不均衡的淡水分配，全球60%的土地都是干旱或者沙漠化的。现在，全球三分之一的人口处于水资源短缺的状态。专家预计，到2025年，全球三分之二的人口将会面临水资源短缺。如今，世界上一些地区，比如中东，为了争夺水源而进行战争。一项权威的调查指出，“如果我们不改善水资源供应的政策，我们就会因为水资源短缺而引发大规模的战争，造成巨大的灾难。”现代农业与工业都需要大量的淡水，没有水源，农业与工业就无法发展。由于缺少淡水，所以从海洋中获取淡水变得刻不容缓。

1. 蒸馏法

海水受热后会变成水蒸气，形成云雾，然后在一定的天气条件下又变成了雨，而雨水不是咸的。这一现象给人们以启示，把海水加热蒸发，就可获取水蒸气淡水，这就是蒸馏法的基本原理。在蒸馏法中，较多采用的是多级闪蒸法。什么叫多级闪蒸法呢？水在一个大气压下只有加热到 100℃才能沸腾，若降低气压，水不到 10℃也可以沸腾，压力越低，沸点也越低。根据这个原理，人们设计一组连接的蒸馏隔室，这些隔室的压力依次降低，每次流经这些隔室时，依次进行闪蒸。由于这种方法具有成本低、操作方便、运行可靠等特点，使用最为广泛，如图 1－6 所示。

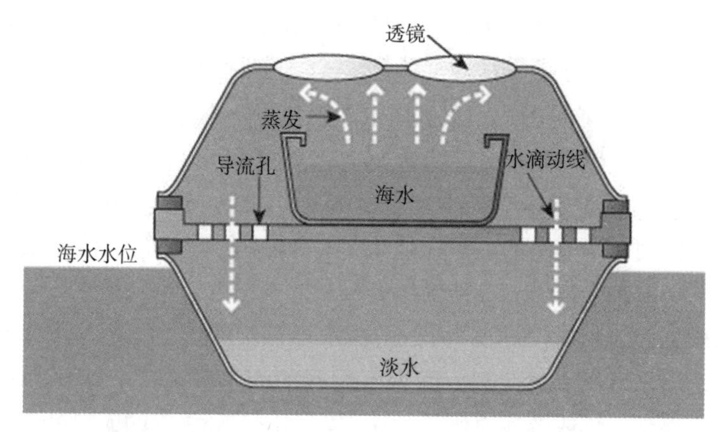

图 1－6　海水淡化——蒸馏法

2. 电渗析法

海水的导电性比淡水高许多，海水中溶解的盐分由阴、阳两种离子组成，阴离子带负电荷，阳离子带正电荷。如果能找到这样两种膜：一种膜让阴离子通过而不让阳离子通过，一种膜让阳离子通过而不让阴离子通过，那就不难使海水中的阴、阳离子分开。现在人们已找到了这种膜，通过除去阴、阳离子也就除掉了海水的盐分，从而获得了淡水。

3. 反渗透法

什么叫反渗透呢，我们先做一个实验。把一个半透膜的袋子装上盐水，放在盛有淡水的盆中，使袋中的盐水与盆中的水面一样高。由于这种半透膜只有水能通过，盐分不能通过。过不了多久，袋中的水面就会比盆中的水面高，这表明淡水已穿过膜进入袋中，这种现象叫渗透。如果使袋子的压力加大，就会发生与上述情况相反的现象，即袋中的淡水渗到袋子外面装淡水的盆中。人们就是利用这一原理制造了反渗透的设备来淡化海水，具体流程，见图1-7。

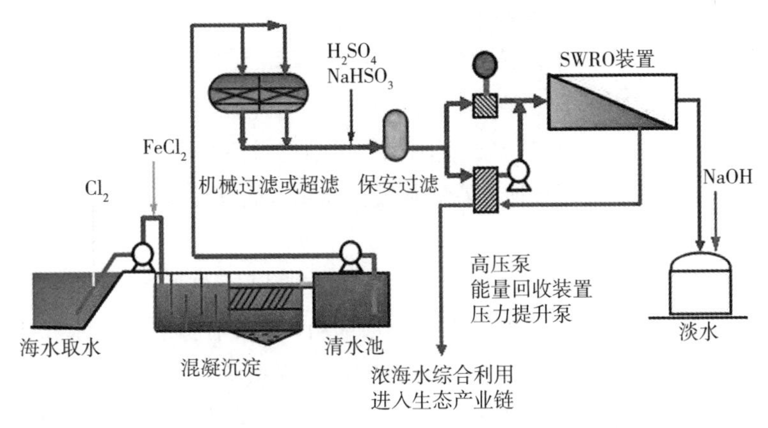

图1-7　海水淡化——反渗透法

由于全球气候变暖，缺水现象将遍及全世界。据世界气象组织预测，到2050年全球在沿海近海地区的居民将有10亿人面临饮水危机，这包括中国的华南诸省，美国加州一带以及地中海各国。目前海水淡化的成本还很高，通过对海水淡化、化学成分提取、直接利用等技术的开发，可以促进我国对海水资源的开发利用，开发高产、稳产、生态效益好的制盐技术和新兴工艺；加强盐田生态系统的开发研究，发展盐田生态技术和综合利用技术。全球大约有30多个大型的海水淡化项目正在建设或者规划建设。由于原料（海水）是取之不尽的，海水产品（脱盐）的使用范围是无限的，成本低，建造周期短，经济效益明显，因此，海水淡化正逐渐成为一个具有广阔前景的新兴产业。

（二）海水直接利用

关于海水直接使用曾有人提出疑问，海水是否能直接使用呢？这是一个非常好的主意。最大限度地直接利用海水，也是解决水资源短缺的一个很重要的办法。目前，我国的海水直接利用有三大类：工业冷却水、大生活用水、低盐海水灌溉。

1. 工业冷却水

日本80%的工业用水都是直接使用海水，而大部分是作为冷却水使用。1995年，日本的电力行业就消耗了120亿多吨的海水。我国的大连、天津、青岛等地的电厂，每年用海水作为冷却水，大约有20亿吨，与日本、美国相比可谓是微不足道。但是，这也表明了我国沿海工业城市在直接使用海水方面存在着很大的潜力。

2. 大生活用水

大生活用水指除饮用、沐浴、洗衣服以外的其他生活用水，如冲厕、消防等。大型城市的海水利用，需要在原有的供水和排水系统的基础上再建造一套新的海水供水系统。现代化船只上，都有两种供水和排水的方式。从外表来看，淡化系统的管线阀门是淡灰色的，而海洋系统则是用墨绿色油漆的，十分显眼。在海洋供水和排水管道系统中，防腐技术已经不是问题，目前最大的问题是投资成本。

3. 低盐海水灌溉

全球各国都在进行海水灌溉。苏联在波罗的海芬兰湾用低盐海水灌溉爱沙尼亚的大麦、小麦、甜菜、番茄、圆白菜、西瓜等，都获得了巨大的成功。国内的海水灌溉实验也已有了初步的结果。综合考虑，排水良好的沙地，适宜的作物，低盐度的海水，具备这些条件都是可以进行海水灌溉。

最受欢迎的是种植可以用普通海水来浇灌的庄稼。据说沙特阿拉伯盐业技术公司得到了美国农业专家的协助，可以用海水灌溉油料作物。东南亚各国也相继报道了耐盐性粮食作物的成功栽培。如果培育出能用海水浇灌的作物，并加以推广，就能为沿海荒芜地区的农业带来机遇，人们还给它取了一个很好听的名字：海洋农场。

（三）海水化学资源利用

海洋中蕴藏着丰富的海水化学资源。在海水中已经找到 80 多种化学元素，其中有 70 多种可以提取和利用。

1. 海盐

盐是人们一日三餐都离不了的调味品，到过海边的人都知道，大海中的水除了苦涩味，还带着咸味，说明海水中是有盐的成分的。经测定海水中溶解盐的含量为 35%。按照这个计算，海盐储量约为 4 800 亿吨。如果把这种盐均匀地撒在地表上，就可以形成一块大约 40 米厚的盐层。如果只是铺在地面上，就能形成 153 米厚的盐层，这是何等庞大的数字。这么多的盐分，有两种来源，一种是在最初的火山喷发中，大量的水汽和岩浆中的盐分被冲刷到了海里，再加上岩层中的盐分被溶解，导致了海水的变化。另一种是陆上的河流，它会不断地把河岸上的泥土和石头冲走，把盐带入大海。根据专家的调查，世界上大大小小的河流每年都有 30 亿吨的盐分流入大海。目前，全球超过 100 个沿海国家都在使用海盐。海盐是人类从海洋中提炼的最多的一种化学物质。全球每年的盐产量达数千万吨，而海盐占大多数。

六千多年前，炎帝时代，风沙氏教民烹制海盐，全球海盐产量约为 5 000 万吨，占全球食盐总量的 25%。我国的海盐是全球海盐产量的五分之一，居全球第一。传统的海水制盐方式是太阳能蒸发，我国以往使用的是潮汐纳水，人工扒盐，手推车。如今，大型盐场已经实现了用电或机械扬水的方式，即用采盐机挖盐，用水管输送盐，用拖车或轻型火车或汽车来运盐，用推土机把盐堆起来。我国的海盐生产已经基本实现了机械化和电动化。

2. 镁砂

镁砂是军用工业的主要原材料。镁合金是最轻的，也是最耐高温的材料，所以在军用和民用方面有着非常重要的作用，广泛应用于火箭、导弹、飞机制造、汽车鞋业、精密仪器、石油工业等。由于世界上钢铁行业的迅速发展，对镁砂的需求与日俱增，而高质量的镁砂不能含有超过 4%的杂质，这就要求用陆地上的天然菱镁烧结机生产的镁砂是不可能实现的，而用海水镁砂能达到较高的化学纯度和体积密度，在 20 世纪 60 年代，纯度已高达 96%～98%。如此高的纯度，自然可以达到冶金行业的特定需求。法国和英国在自己的土地上没有天然的菱镁矿，出于对工业的需求，他们是第一个到海里来开采镁矿石的人。

从海洋中提取镁，其核心技术是将碳酸、硝酸等杂质去除，从而得到纯镁砂。全球海水镁砂的生产大国有 10 余个，总共年产约 300 万吨的海水镁砂，海水中镁的产量约为全球镁砂的 60%。

3. 溴

1800 年法国化学家巴拉德在地中海的海水中证明了溴的存在后，第二年他就用氯处理海水卤水，经过蒸馏而得到了溴。现在制溴工业的基本方法，仍沿用他当初创造的办法。1865 年出现了采用二氧化锰和硫酸氧化法提取制钾盐后剩下溶液中的溴。从海水中提取溴，目前比较成熟的方法是吸附法，就是采用强碱性阴离子交换树脂作吸附剂来提取海水中的溴。海洋中溴的产量占全世界溴产量的 70%。

4. 铀和重水

海水中铀的含量可达 40 亿～200 亿吨。这对那些地域狭小、资源匮乏的国家，如英国、日本，要想发展核能技术，是十分重要的。因此它们十分重视从海洋中提取铀。早在 20 世纪 40 年代末，英国就开始采用吸附法试验，从海水中提取铀。这种方法就是让海水通过一层不溶解的坚固的粒状吸附剂（用氢氧化钠作吸附剂），取得了很好的效果。日本也是一个铀矿贫乏的国家，铀的储量仅8 000 吨左右，于是，日本也将目光转向海洋。日本是第一个开发海水铀资源的国家。1971 年，日本试验成功了一种新的吸附剂，它包括氢氧化钛、活性炭。这种新型吸附剂 1 克可以得到 1 毫克铀。这样从海水中提取铀，比从一般矿石提取铀的成本还要低很多。日本已于 1986 年 4 月在香川县建成了年产 10 千克铀的海水提炼工厂。据报道，苏联是利用海水中铀较早的国家，由苏联科学院院士科拉林主持研究了一种二氧化钛吸附剂。这种吸附剂不仅能从海水中提取铀，而且还能吸取金、银、锌等贵重金属。其吸附上的各种元素，经过简单化学处理，很容易从吸附剂上取下，而不影响吸附剂本身。同时他们还发明了一种经过专门处理的金属铝作吸附材料，其表面靠电化学过程自发地析出铀和其他金属。1958 年，苏联专家又从石油和天然气的加工产品中得到一种“离子交换树脂”，也具有从海水中提取铀和贵重金属的本领。1959 年“罗蒙诺索夫”号科学考察船进行了一项试验航行，他们把“离子交换树脂”放到一个过滤圆筒中，将圆筒固定在吃水线以下，并与取水的船底阀相接。在航行中，海水不断地通过过滤圆筒，总共流过 6 万升海水。结果每千克的“离子交换树脂”从海水中可吸取 0.15 克铀、0.125 克银及其他数量不等的金、锶、铋、锌、铜、锰、铁、铝、钙、硅、镁等元素。

与铀矿相似用途的“重水”是制造氢弹的原料，也可作为原子能反应堆的减速剂和传热介质，还可通过核聚变反应释放出巨大能量来发电。据报道，1千克氢燃料，至少可以抵得上4千克铀、1万吨优质煤。海水中共有200亿吨重水，如果能把它们全部提出来，可供人类享用上百亿年，真可谓是取之不尽，用之不竭的新能源。

5. 锰结核

海洋底部蕴藏着大量的锰结核。锰结核表面为黑色或棕色，外表呈球形或块状，大小从数微米至数十厘米不等，重量可达数十千克。锰结核的主要成分是锰、铁、铜、钴、镍等30余种，具有很高的商业应用价值。1873年，英国“挑战者号”探险队在非洲西北部的加那利群岛附近，从海底收集到了一堆像马铃薯一样的深棕色小块。英国人通过实验和分析，发现它含有多种元素，如锰、铁、镍、铜、钴等，而锰的含量最高。解剖之后，他们发现，这些碎片是由岩石碎片、鲨鱼牙齿和植物的碎片组成，形成了一个同心圆，就像是一根被切开的洋葱。因此，这个小块就被称为“锰结核”。

在地球50多亿年的历史中，由于地表的剥蚀、沉积作用，地壳中的岩浆和热液一直在不断地活动，从而形成了各种类型的矿床。同时，雨水侵蚀了一些土壤，溶解了的土粒流入了海洋。在海洋中，锰和铁是饱和的，但随着河水中锰和铁的加入，这两种元素的浓度越来越高，最终导致了它们的过于饱和，形成沉淀。起初，这两种矿物是由一种凝胶状的氧化剂沉积而成的。在沉积时，这些凝胶状的氧化物会吸附铜、钴等物质，与岩石碎片、海洋生物遗骸等物质结合在一起，沉入海底，随着海水的流动而翻滚，最终形成不同大小的锰结核。

锰结核在海水深度2 000～6 000米范围内普遍存在，而在4 000～6 000米水深的海洋中，锰结核的质量最高。我国锰矿资源总体上已超过 300 亿吨，其中北部太平洋地区最大，蕴藏量超过半数①。锰结核中含有的铁是炼钢的主要材料，它含有的镍可以用来制作不锈钢，它含有的钴可以用来制作特殊的钢材，它含有大量的金属铜，用来制作电线，其中含有的金属钛由于密度小、强度高、硬度高，在航天领域中得到了广泛的应用，被誉为“空间金属”。海洋中的锰结核不仅数量庞大，而且还在持续增加。生长速度随时间、地域不同而不同，平均每一千年生长 1 毫米。按此推算，全世界的锰矿以每年 1 000 万吨的速度增加，可以说是“取之不尽，用之不竭”的可再生多金属矿产。

① 于德利，张培萍，肖国拾，等．大洋锰结核中钴的赋存状态及提取实验研究[J]. 吉林大学学报（地球科学版），2009，39（5）：824-827.

第二章　灵动的海水

本章详细介绍海水的运用方式和海洋的地质作用。首先是海水的运动方式可分为波浪、潮汐、洋流和浊流四种，具备灵活多变的地质作用和发电作用，是海洋地质中主要的动力来源；其次海洋的地质作用又分为三种，分别是海蚀作用、搬运作用和沉积作用。不同的海洋运用方式改变了海洋的陆斜坡、深海平原、海底结构、生物遗存等风貌。本章将结合海洋的不同运动方式和作用，突出海水的“灵动”。

第一节　波　　浪

一、波浪的一般特征

波浪是海水的一种普遍存在的运动类型，它的机械能较强，主要是由于风和海面的摩擦作用，或者风和海水的拖动作用形成的。海浪可分为风浪、涌浪和近岸浪三种[①]。在没有风的地方，也会有涌浪和近岸浪，这些波浪是从其他有风的地方引起的海水波动传导过来的。由于受到天体引力、海底地震、火山爆发、气压变化、海水密度分布不均等内外力的作用，形成了海啸、风暴潮、内波等，造成了海面上的剧烈波动，这也是“无风三尺浪”的原因。

由风驱动的波浪周期一般在几秒到几十秒之间。由于地貌和

---

① 刘洋．虚拟海浪实时仿真技术研究［D］．秦皇岛：燕山大学，2007.

位置不同，导致太阳能对不同区域产生的温度不同、气压不同便形成了风，风再将能量传送到海洋上，就产生了波浪。由于风对海洋作用的时间、区域和作用力大小等差异，又可将波浪分为风浪、涌浪和近岸浪。

（一）风浪

风浪是由风引起的海面上的波浪。风吹拂在海面上，与海水水面产生了摩擦，使得海水在风的推动下，形成波浪。其特点是波形不规则，波面陡峭，波纹较大，泡沫较多，波高和波长以及波动周期不确定，其传播方向与风向基本一致，其波幅与风力的大小和时间有较强关系。在南纬 40°～550° 的海域，有“咆哮的 40 度”之称，那里终年刮着强烈的西风，海平面上经常有大浪，是一种典型的风浪①。

（二）涌浪

涌浪又名长浪，是风浪由风区扩散至风力极低或者无风区的波动现象，通常也指风浪所在风区的风速、风向突然改变后的扩散现象。它的主要特点是：波形规则，波面光滑，长波峰线较长，传播速率较高，传播距离较长。涌浪持续时间长，波峰距离远且速度快，就像是一艘快艇在海上航行，一天可以航行数千千米。

除了风力之外，海底的火山和地震还会导致海啸，海啸震动引起并借助涌浪以更快的速度扩散。比如智利的一场大地震，在 1960 年 5 月 22 日下午造成了一场海啸，海岸 500 千米的海浪，平均波浪增高 10 多米，最高达 25 米，展示了涌浪“风行浪不停，无风浪也行”的特性。风速海浪等级见表 2－1。

---

①　曹玉晗．南加州湾波浪的多尺度时空变化特征的研究 [D]．南京：南京信息工程大学，2018.

表 2-1 风速海浪等级表

风级	风名	相当风速			海面状况	海面浪高	
		千米	米/秒	中数（米/秒）		一般	最高
0	无风	<1	0～0.2	0	平静如镜	—	—
1	软风	1～3	0.3～1.5	1	微波	0.1	0.1
2	轻风	4～6	1.6～3.3	2	小波	0.2	0.3
3	微风	7～10	3.4～5.4	4	小浪	0.6	1.0
4	和风	11～16	5.5～7.9	7	轻浪	1.0	1.5
5	轻风	17～21	8.0～10.7	9	中浪	2.0	2.5
6	强风	22～27	10.8～13.8	12	大浪	3.0	4.0
7	疾风	28～33	13.9～17.1	16	巨浪	4.0	5.5
8	大风	34～40	17.2～20.7	19	狂浪	5.5	7.5
9	烈风	41～47	20.8～24.4	23	狂涛	7.0	10.0
10	狂风	48～55	24.5～28.4	26		9.0	12.5
11	暴风	56～63	28.5～32.6	31	非凡现象	11.5	16.0
12	飓风	≥64	≥32.7	—		14.0	—

资料来源：根据《风力发电》相关数据整理。①

（三）近岸浪

近岸浪一般由外海的风浪或涌浪向岸边传递，在地形的影响下，波浪的特性也发生变化。其基本特点是：在浅水区，波浪的传播速率较小，波峰线弯曲，逐步与等深线平行。近岸波浪的前侧是陡峭的、后侧是平坦的，随着深度的加深，波浪的不均匀性会越来越大，最终被冲毁。波浪的破裂将导致破裂点附近的海岸

① 王承煦，张源．风力发电（精）[M]．北京：中国电力出版社，2003：26.

水位上升，而远离海岸表面的水位下降[①]。还有一种叫做“疯狗浪”的近岸海浪，会突然袭击岸边，就像是一条疯狗。

东北季风不断吹拂海面，会产生大量的涌浪，当这些巨浪抵达海岸时，就会向海岸的某个角落倾泻而去，这些碎屑将形成一道可怕的海浪，这就是“疯狗浪”。疯狗浪不仅能把海滩上的钓鱼人吹跑，还能把海里的船只吹翻，将港口码头、工程设施和港口的防御设施冲毁。1991 年 8 月 7 日清晨，中国台湾苏澳海域，五条渔船被一股十余米高的“疯狗浪”掀翻，造成一死二伤。

二、波浪的地质作用

在海岸浅水地带，海浪会对海洋造成一定的影响，它会搅动海水，加速海水的流动，让海洋充满氧气，从而让底栖动物和海底的沉积物得到氧气。而经常的水流运动可以改变海底的沉积物，从而形成波痕、交错层理等原生沉积结构。

海浪在海底的摩擦力作用下，发生了扭曲，最终变成了汹涌的浪潮，这就是所谓的“激流”。冲击强度在 $9.806\ 65\times10^4$ 帕至 $29.419\ 95\times10^4$ 帕。当海浪在与海岸相交时，会形成与海岸相垂直的进、退，而在与海岸相交的方向上，则会因波的折射而形成与海岸平行的近岸水流。波浪和在不同条件下产生的各种波流是影响浅海的主要动力因素。急流可以对沿岸造成直接的损害。海水渗透到岩石缝隙中，将空气挤压，使空气膨胀，使岩石破裂。冲击波流所带来的碎片成为对岩石进行磨蚀的工具。以上所述的波浪对海岸和海底岩石的机械破坏称为侵蚀。沙砾随波浪的移动即为波浪的搬运。波浪的侵蚀和运输往往是同时发生的。在波浪的水力作用下，被运载的物体就会沉淀下来。

---

① 史政．基于船舶运动状态的波浪外力研究［D］．武汉：武汉理工大学，2009.

当波浪冲刷岩岸时，海蚀槽首先在贴水部位形成，沟槽增大，上端塌陷，形成海蚀崖；当海岸退后一段时间内，海蚀沟槽的底部逐渐扩大，变成了一个微微倾斜的平台，称为“海蚀”[①]。在不同时期的海水作用下海蚀形成了海蚀阶地，海蚀阶地是由于海蚀平台露出水面而形成的一种台阶，又叫浪蚀阶地。由于波浪的影响，侵蚀平台的斜率逐渐降低，当海浪的力量不能撞击到岸边并被消磨掉时，那么，海浪对海岸带的影响就会为零。由于海岸的岩性和结构的差异，侵蚀的强度也有很大的差别，因此，侵蚀也会形成海蚀洞穴、桥梁和柱状地貌（参见表2-2）。

表2-2 主要外力作用的表现形式

作用		对地貌的影响	分布地区
风力侵蚀		形成风蚀洼地、沟谷、风蚀柱、风蚀蘑菇、戈壁、裸岩荒漠等	干旱地区
流水侵蚀	冲蚀	使谷地、河床加深加宽，形成“V”形谷，使坡面破碎，形成沟壑纵横的地表形态；形成“红色沙漠”“石漠化”	湿润、半湿润地区（如长江三峡、黄土高原地表的千沟万壑、瀑布）
	溶蚀	形成漏斗、地下暗河、溶洞、石林、峰林等喀斯特地貌，一般地表崎岖，地表水易渗漏	可溶性岩石（石灰岩）分布地区（如桂林山水、昆明路南石林、瑶琳仙境）
冰川侵蚀		形成冰斗、角峰、“U”形谷、冰蚀平原、冰蚀洼地（如北美五大湖、“千湖之国”芬兰）等	冰川分布的高山和高纬度地区（如挪威海峡、中欧—东欧平原）
海浪侵蚀		形成海蚀柱、海蚀崖、海蚀穴、海蚀拱桥等地貌	海滨地带

资料来源：根据《中国水利百科全书》相关数据整理。

① 徐茂泉，陈友飞．海洋地质学［M］．厦门：厦门大学出版社，1999.

在平坦的沙岸，波浪通过进流、退流、沿岸流等方式对沙砾进行搬运、沉淀。进流沿滩面流向岸上，当进流力消耗殆尽时，退流受重力的影响，沿着坡面向大海退却。进流将沙和砾石带上岸，有些粗大的砂石留在海滩上，有些细小的则随着退潮向大海流动。在进、退流的往返输送过程中，对碎屑进行了连续的圆磨和分选。当海浪的动力消失后，这些泥沙就会沿着海岸形成砾滩、沙滩和海底的沙堤。沿海地区主要以沙砾为主，沿海岸基本平行的方向移动。垂直移动在大约 4 米的深度时是最活跃的。它的速度受多种因素的影响，一般随着海浪强度的增加和运载物质的颗粒尺寸的减少而增加。当沙砾流经海湾时，水流速度变慢，在湾口堆积，形成一种类似于沙嘴的地貌。沙口的加高延伸，能在海岸边形成阻挡墙，使内陆地区与外海形成一个半封闭的潟湖。

海滩是由松散沙砾沿海岸线堆积形成的平缓地面。由于海滨环境的差异，组成海滩的松散物质也不同，这也跟物质的来源有关。例如太平洋地区的许多岛屿沙滩包含了不少破碎贝壳和珊瑚；夏威夷的黑色沙滩是由火山岩石组成的；在加利福尼亚南部的沙滩上发现了石英颗粒和长石颗粒等。图 2－1 呈现了一个理想化的近岸环境分带及基本术语。向陆地延伸的海滩常常终止于某些自然地形地貌特征变化的地方，例如海岸悬崖或沙丘地带。滩肩是海滩上靠近悬崖壁的平坦地带，是波浪向陆地冲击并耗散最后能量时由沉积物堆积形成的，这里常常是游客享受阳光浴的地方。滩面是滩肩以下，经常受到波浪作用的海滩倾斜面。其中，部分滩面常受到往返波浪的冲溅而暴露，称为溅浪带。溅浪带向外，波浪湍急。波浪相对平坦的地带称为激浪带（也称碎浪带）；再向外，波浪运移很快，异常汹涌地向岸边推进，这个地带距离滩肩最远，但也是海岸环境的一部分，称为破浪带。沿岸沙坝和沿岸槽谷是海岸线延续的沙脊和风浪产沙的边缘。一些特殊的海滩，尤其是宽阔平缓的海滩，可能会有一系列的沿岸沙坝、沿岸槽谷和破浪带（图 2－1）。

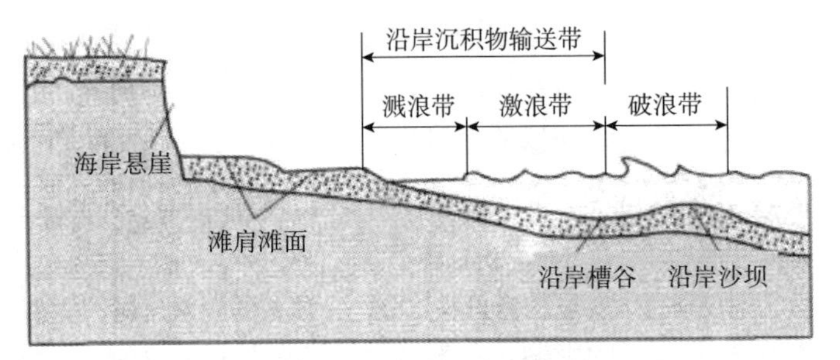

图 2－1　海滩的分带及术语

三、波浪的发电作用

随着陆地能源的减少，海洋资源的开发已经成为了一个热点。在大海里的巨轮，也仅像一块木头一样，在大海上飘浮着。海浪可以掀翻一艘巨轮，也可以使其断裂或扭曲，可以想象整个海洋中的波浪能将有多么惊人！各沿海国家都在利用海浪和风力发电，这是一种不会产生环境污染的可再生电力。目前的技术包括利用稳定的海浪发电的海浪发电机、水下涡轮机和海岸风力发电厂。

波浪能是指在海面上产生的动能与势能。海洋中的波浪主要是风浪，海浪总是周而复始、昼夜不停地拍打着海岸，而风的能量又来自太阳，所以说波浪能是一种最易于直接利用、取之不竭的可再生清洁能源。尤其是在能源消耗较大的冬季，可以利用的波浪能能量也最大。根据世界能源委员会的调查结果显示：全球可利用的波浪能达 20 亿千瓦，数量相当可观。如太平洋、大西洋东岸中纬度 30°～40° 区域，波浪能可达 30～70 千瓦/米，某些地方更高达 100 千瓦/米，可以保证开发利用能源的总量。在海洋能源中，广大的海洋面积在吸收太阳辐射之后，可以说是世界最大的太阳能收集器，温暖的地表海水，造成与深海海水之间的温差，由于风吹过海洋时产生风波，这种风波在宽广的海面上，以自然储存于水中的方式进行能量转移，因此波浪能可以说是太阳能的另一种浓缩形态。波浪能是由风把能量传递给海洋而产生，是吸收了风能而形成的，它的能量传递速率和风速有关，波浪能是最不稳定的能源之一①。

台风导致的巨浪，其功率密度可达每米迎波面数千千瓦，据测算，在海洋中每平方千米内，运动的海浪所蕴含的能源约为30万千瓦，而全世界的海浪发电功率则达700亿千瓦，可供利用的为20亿～30亿千瓦②。中国沿海地区的年平均海浪功率密度在2～7千瓦/米。根据中国沿海观测站的数据，中国海浪的年平均发电功率为 1.3×10^7 千瓦。在这些区域中，浙江、福建、广东、台湾等地是能量最充沛的区域。1955年波浪能发电机已经被发明出来，日本于1964年制造了世界上首个用于海浪发电的设备——航标灯。

波浪发电是将波浪能量转化成电能的技术。通常，波浪能的转化分为三个阶段。第一阶段是波浪能的收集，一般利用聚波和共振的方式将散乱的波浪能集中在一起；第二阶段为过渡阶段，也就是将波浪能转化成机械能的过程，包括机械传动、低压液压传动、高压液压传动以及气压传动；第三阶段也就是最后的转化阶段，也就是将机械能量转化成电力。由于波浪发电需要稳定的输入功率，因此需要采用稳速、稳压、蓄能等技术来保证其输出功率（图2-2）。要使用波浪发电，就必须在海洋中建造浮体，并处理水下传输问题。沿海地区需要修建专门的水工建筑，以便收集海浪，并安装电力设施。波浪发电站是与海水有关的，因

① 孙静雅．海洋可再生能源开发法律制度研究［D］．青岛：中国海洋大学，2011.

② 《神奇的科学奥秘》编委会．能源科学的奥秘［M］．北京：中国社会出版社，2006.

此，为了适应海洋的环境，需要考虑海水腐蚀、生物附着、抵御暴风雨等工程问题。波浪发电是在 20 世纪 70 年代开始的，在日、美、英和挪威等国家，对各种类型的波形设备进行了研究，包括点头鸭式、波面筏式、环礁式、整流器式、海蚌式、软袋式、振荡水柱式和收缩水道式等①。

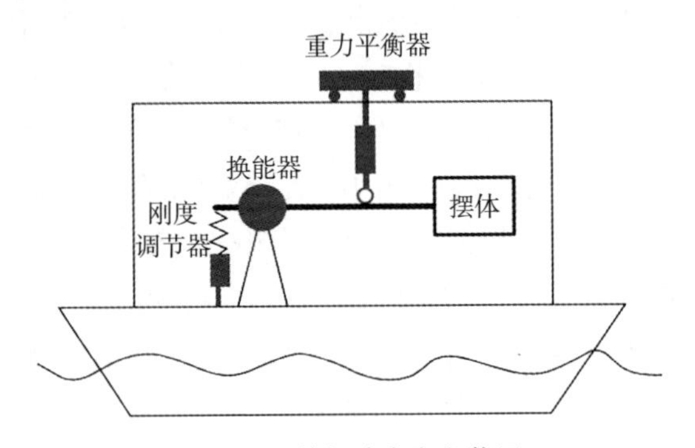

图 2-2　共振波力发电装置

1910 年，法国人波契克斯·普莱西克发明了一种气动式波浪能发电装置，它可以为自己的房屋供电约 1 千瓦电能。日本在 1960 年发明了用于航标灯浮标的水轮风能发电装置，这使得它成为首个商品化的风力发电装置。由于 1970 年的石油危机，英国、日本、挪威等拥有丰富海洋波能的国家，纷纷将其视为未来能源发展的重点。英国索尔特和科克里尔分别发明了点头鸭和波面筏装置，国家工程实验海洋波浪能量综合利用室发明了振荡水柱装置。日本于 1987 年建成一艘长 80 米、宽 12 米、高 5.5 米的风能电力船舶“海明号”。该船设有 22 个下部开放的气室，每个气室内装有 125 千瓦的水轮发电机组。1988—1986 年，日本、美国、英国、加拿大和爱尔兰五个国家，在日本海的由良水域，

① 苏永玲，谢晶，葛茂泉．振荡浮子式波浪能转换装置研究［J］．上海水产大学学报，2003，12（4）．

进行了三次海上海浪发电的实验。但是由于其发电费用较高，一直没有得到实际应用。英国和中国于1985年研制了一种新型的波浪能发电装置，该装置采用对称翼型涡轮机作为导航灯浮标的功能；在挪威建造了一座装机容量为250千瓦的压缩、倾斜的聚焦波道风力波浪能站和一座500千瓦的振动式水柱风力波浪能发电站，这是真正意义上应用波浪能发电的开端。虽然波浪能发电已有多年发展，但其发展速度仍然十分缓慢。由于技术不成熟，海洋环境恶劣，缺乏自信心等原因，许多国家在1989—1999年都没有投入多少资金与资源。近年来，英国、挪威等国家和私人公司纷纷投入巨资研发波浪能。英国的潮汐能提供英国10%的用电量。近年来，由于气候变化，石油、天然气价格大幅上涨，使得各国政府越来越关注可再生能源的研发，尤其是海浪的综合利用和技术创新与开发。

我国拥有20 000多千米的海岸线，拥有丰富的波浪能能源约1.5亿千瓦，其中可供开发的约3 000万千瓦；如果加上外海的波浪能，则约为7 000万千瓦。中国自1978年开始研发波力发电，曾在浙江省舟山华山海域进行过一次实验，并研发了1个千瓦级的涡轮波力发电机。经过30多年的研究，波力发电技术得到了快速发展。采用小型波力发电设备的气动航标灯浮，取得了初步的成功。目前，在我国南方沿海及北方沿海的航标及大型灯船中，已经广泛使用了600余套小型波力发电设备，其中弯曲式浮标波力发电设备已经销往海外。1990年，中国科学院广州能源研究所珠江大万山岛建成的3千瓦岸基波力电站，1996年建成20千瓦岸基波力试验站、5千瓦波力发电站。在山东青岛大管岛，国家海洋技术中心研制成功了8千瓦、30千瓦摆式波力试验电站。广州能源研究所自主开发了一套具有自动稳定功能的波能发电系统。2005年1月9号，汕尾波浪能电站首次小功率海况试验取得了成功，这表明了波浪能在海洋能源中实现了稳定的发电。从实验结果来看，该系统在抗冲击、稳定、小浪发电三个方面均取得预期的良好效果。系统包括独立发电系统、制淡系统和浮动充电系统。但不幸的是，在 8 月的一次台风期间，运作 29 小时后，设备被一股巨大的海浪冲垮。

自 2010 年我国设立海洋可再生能源专项资金以来，中国的波浪能利用技术取得了长足的突破性进展。比如 2011 年中国科学院广州能源研究所提出了“鹰式”波浪能装置的设计理念并将其付诸海试，将波浪能发电与深远海养殖结合，开发了由波浪能供电的深远海养殖平台“澎湖号”（图 2－3）。① 哈尔滨工程大学基于美国加州大学伯克利分校提出的楔形装置波浪能俘获机理，开发了基于浮式防波堤等离岸式结构的“海豚”波浪能装置，取得连续海试的成功。目前波浪能技术已普遍进入商业化的初期阶段，未来波浪能技术的应用空间将得到进一步拓展。

图 2－3　“澎湖号”波浪能利用技术和示范装置

目前，国际上对波浪能装置大规模、阵列化布置的研究还相对较少，因为波浪能装置的原理和利用形式各异，开展阵列化布

① 廖静．珠海“澎湖号”网箱平台：让养殖走向深远海［J］．海洋与渔业，2019（11）：63－64.

局研究往往要跟装置的具体形式绑定，还没有一种通用的方法可以适应不同类型的波浪能装置，这就导致波浪能在阵列化布局方面的研究进展缓慢。何种形式的波浪能装置更适合大规模布放应用还没有十分明确的答案。此外，成本也是限制波浪能大规模利用的一项重要考量指标，波浪能发电的成本为0.1～0.4欧元/千瓦时，远远高于火电甚至海上风电的成本，未来通过扩大装机规模实现降本是波浪能发展的必然趋势。①

总的来说，波浪能是一种机械能，还处在大比例测试实型机向全比例预商业化样机过渡的阶段。由于波浪能技术在海洋领域的应用场景十分广泛，也是海洋能中质量最好的能源，能量转化装置相对简单，具有蕴藏量大，能量密度高，分布面广等优点，因此具备良好的可开发性。波浪能是有望解决深远海供能问题的一种最有效的途径，作为海洋中分布最广的可再生能源，可以成为海上偏远地区的能量来源。

目前，我国的微型波力发电技术已基本实现商业化，岸式波力发电技术在国际上也处于领先地位。然而，中国波力电站的示范试验规模比挪威、英国要小得多，而且其发展模式也比日本少得多，小设备的实际应用还需要很长一段时间进行探索，性能仍需提高。

第二节　潮　　汐

一、潮汐的由来

中国是历史上研究、探索和揭示潮汐之谜最早的国家之一。早在先秦文献里就有对潮汐这一神奇海洋现象的记载。东汉时期

① 吴清，邢涛，张小店，等．基于波浪能技术为海岛供电的方案研究［J］．科学技术创新，2020（25）：1-4.

著名哲学家王充也在其著作《论衡》中说到“涛之起也，随月盛衰，大小满损不同。”揭示潮汐的涨落和大小都与月亮的圆缺有关。而晋代科学家葛洪，则明确指出了潮汐与月亮有直接关系。

潮汐是一种可再生的能源，储量巨大，取之不尽，不需要开采和运输，清洁无污染。建造潮汐发电站，不需要移民，不会淹没土地，还能发展围垦、水产养殖、海洋化学等综合利用工程。

海洋受太阳和月球天体引力的影响而形成潮汐。人们将白天的潮起潮落称为“潮”，晚上的潮起潮落称为“汐”，潮汐就是海水水位有规律的涨落现象，即海平面的上升与下降。很多人都将这个现象比作海洋的“呼吸”。

地球围绕着太阳旋转，月亮围绕着地球旋转，当这三个行星排成一条线，也就是每年的农历初一（朔）或十五（月），月亮和太阳的引潮力是一致的，这两种引力叠加在一起，就会引起潮汐。每月的初七、初八（上弦）和二十二、二十三（下弦），月亮和太阳对地球的引潮力是相互垂直的，太阳的引潮力会减弱月亮的引潮力，所以才会有小潮。事实上，大潮一般在朔望后 2～3 天出现，小潮多出现在上、下弦后 2～3 天，主要是由于海水流自身的黏性以及海底地形等因素的作用。

引潮力是由月亮和太阳引力作用在海水上所形成的。在这个世界上，所有的东西都是互相吸引的，无论是月球还是太阳，在地球上的引力，都是相同的。不过，因为陆地是固态的，所以很难察觉到重力引起的地表变化，而海水是一种流体，在重力的作用下，它们会朝一个方向移动，而这个牵引海水的力量，就是引潮力。

海水水位不断上涨，这一过程叫涨潮；海水上涨到最高限度时叫高潮；当海水涨到高潮后一定时间内，海水不涨也不落，叫平潮；平潮之后，海水开始下落，这叫退潮；海水下落到最低限度时叫低潮；低潮后一段短时间内海水不落不涨，叫停潮；停潮过后，海水又开始上涨，如此周而复始。潮汐周期就是指在一个昼夜（太阴日）内出现的涨潮、落潮次数，包括半日潮型、全日潮型和混合潮型3种。半日潮又包括规则半日潮和不规则半日潮两种。

规则半日潮：是指在一个太阴日（24小时50分）内发生两次高潮和两次低潮，周期为半个太阴日（12小时25分钟）。相邻的两次高潮和两次低潮，高度几乎相等，涨潮历时与落潮历时也几乎相等。

不规则半日潮有两种类型：第一类潮型虽然呈现不规则性，但有一定的规律性；在一个太阴日中，有两次高潮和两次低潮，其前后的两次潮汐的高低都是不同的，而涨潮和落潮所需时间大约是相等的。中国的黄海、渤海和东海多以不规则半日潮的形式出现[①]。

全日潮型：又称正规日潮规则。一个太阴日内只有一次高潮和一次低潮，相邻的两个高潮和两个低潮约略相等，其潮位曲线为对称的余弦曲线。如南海汕头、渤海秦皇岛等。南海的北部湾是世界上典型的全日潮海区。

混合潮型：是指两个高潮之间和相邻低潮之间，时间不均等，是半日潮型和全日潮型之间的过渡潮型。混合潮型可分为半日潮为主的混合潮和全日潮为主的混合潮。

半日潮为主的混合潮：多数日子里，一个太阴日内出现两次高潮和两次低潮。

全日潮为主的混合潮：在大潮时每天只有一个高潮和一个低潮，而且相邻的两个高潮和两个低潮高度相差不大；小潮时每天出现两个高潮和两个低潮。中国南海多为半日潮为主的混合潮和全日潮为主的混合潮。

---

① 王诗成．渔政知识全书［M］．济南：山东友谊出版社，1995：28.

钱塘江大潮最佳观潮地点坐落在杭州东北部 45 千米海宁盐官镇。受杭州湾独特的地理环境和地球自转的离心力的影响，以及独特的潮汐环境，钱塘江的潮水在每年的农历八月十五期间达到最高潮，最高潮高达数米，海浪袭来，声势如雷，宛若万马奔腾，气势磅礴。观潮始于汉魏（公元 1—6 世纪），唐宋时期（公元 7—13 世纪），经过两千多年的发展，钱塘江观潮已经形成了地方风俗。

二、潮汐流的地质作用

潮汐导致海平面高度的改变，促使海水发生大范围的横向移动，从而形成了潮流。潮汐可以使激浪区面积发生变化，使海岸侵蚀强度增大或减小。在粉沙、淤泥质的平缓的沿岸，潮汐可以造成很大的影响。水流搅动着淤泥和沙子，冲刷着沙滩，形成了狭长的海沟。在潮汐的时候，潮汐会冲到陆地上；在退潮的时候，潮汐会退到大海里去。在平缓的海岸地区，潮汐的起伏对很大的区域产生了影响，它们反复地侵蚀、搬运和再沉淀，从而控制了沉积物的特性。河口的水流冲刷作用尤其明显，当潮水涌入狭小的河道时，潮水会涨到数米、十几米，速度会加快到每秒数米；退潮时，潮水会汹涌而下，使河口受到严重的冲刷，不会形成三角洲，相反，入海口会像漏斗一样，变成一个漏斗形的港湾，称为三角港①，如图 2-4 所示。

潮流三角洲是沿岸水域中一种常见的由潮流作用堆积形成的地貌体，它是“潮汐通道”海岸地貌体系的组成部分之一。潮汐通道地貌体系是指海岸潟湖通向外海的口门和口门内外的涨、落潮流三角洲，有潮海岸的半封闭性海湾和河口湾等潮水体与海洋

① 河海大学《水利大辞典》编辑修订委员会，水利大辞典 [M]. 上海：上海辞书出版社，2015：394.

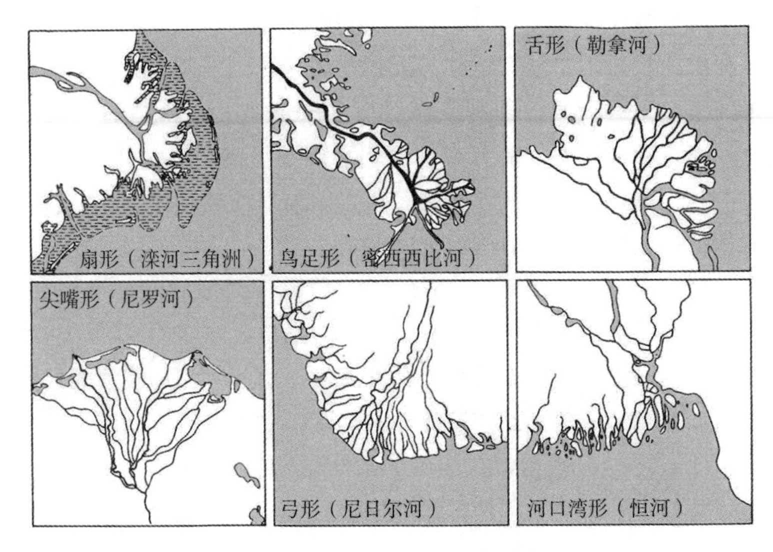

图 2-4　三角洲形态类型

之间由潮流所维持的天然通道及其相关堆积体，也包括海峡型的沙脊—沟槽体系。

该地貌体系主要发育在 1～3 米的中低潮差的海岸。我国的山东半岛南岸和华南海岸是潮汐通道和潮流三角洲发育的地区。但我国的潟湖多由拦湾沙坝和沙嘴封堵海湾形成，规模小，落潮流大多强于涨潮流，所以多在潟湖口门外形成落潮流三角洲，涨潮流三角洲一般不发育。而美国东海岸多由堡岛拦隔海域形成顺岸的条状潟湖，规模较大，沙坝和通道口门直面大西洋，口门易封堵，堡岛易被冲决，涨、落潮流三角洲均较发育。我国潟湖潮汐通道口门则相对比较稳定，落潮流三角洲可以获得较长的发育时间。在我国具有狭窄出口的海湾和溺谷也常发育潮流三角洲，如丁字湾口、钦州湾口等。由于这些海湾面积大，潮流动力强，多有较丰富的泥沙供应，所发育的潮流三角洲规模比潟湖型潮流三角洲大得多。

小潮差型河口通常不具备较大的潮流输送沙粒等沉积物。而在河口的狭长地带，其运移与沉积作用均受到限制。在低沉积量条件下，只有在海湾顶部或靠近海岛的地方才能形成直线的沙脊，这里存在着明显的剪力梯度和涨落潮流的扩散作用。但是，在一些小潮汐（平均潮差不到2米）的河口湾处，例如切萨比克湾和特拉华湾等，也有潮流脊的报道。

按照Hayes（1980）建立的潮汐通道口门地貌的标准模式，落潮流三角洲由以下部分组成：落潮流水道、水道边缘坝、边缘涨潮水道、拦门沙（末端坝）和冲流坝。由于潮流和波浪的共同作用，落潮流三角洲地貌演化非常活跃。在落潮流控制的主要沟槽中沙被搅动、搬运，在沟槽的边缘形成线性沙脊（边缘坝）。在海湾口门外，由于流速扩散造成物质沉积，在落潮槽的外端往往有一个大的舌状堆积体，这是落潮流三角洲堆积的主体。

在我国东南沿海，尤其是福建强潮海岸的一些半封闭的基岩港湾内，由于潮差大，湾内波浪作用较弱，往复潮流成为控制港湾地貌过程和沉积作用的主要营力。在湾口处往往受地质构造制约，口门相对较窄，两侧为基岩岬角海岸，口门附近常有岛礁散布其间。涨、落潮流在通过口门时，由于狭道效应，潮流加强了对底部的冲刷，致使湾口刷深形成潮流冲刷槽，从底部冲刷出来的沙质沉积物，加上邻近海岸侵蚀产生的粗屑物质与河流泥沙，涨潮时向湾内输移，落潮时向湾外运动，塑造了湾口内外的潮流三角洲，类似于堡岛海岸潮汐通道两侧的涨潮流三角洲和落潮流三角洲。这样的潮流脊在福建沿海分布较广，如兴化湾、福清湾、泉州湾、诏安湾及东山湾等均有发育，在广西北部湾沿岸的铁山港等海湾也有类似的湾口潮流沙脊。

有些学者将海峡出口形成的发散状线形沙体也称为潮流三角洲，一般规模较大，如渤海海峡老铁山水道的口门内有辽东浅滩潮流沙脊、渤中浅滩沙席发育；琼州海峡东、西出口都出现指状潮流沙脊，它们是广义的潮流三角洲。当潮流通过海峡地区时，由于过水断面缩小，流速增大，受地转偏向力的影响，使涨、落潮流具有相对固定的水道，出海峡后，有明显的涨落潮流形成的发散效应和剪切力梯度。实际上，这可看成是海底的河床，水道内流速可达到 5 千米/小时以上，它们的出口如同河流的出口，因水流扩散，流速减小而发生堆积，往往在海峡出口处形成指状潮流脊。

与岬角有关的沙脊也可看成是半个潮流三角洲，潮流受到岬角的阻挡后，在下游流速减缓处形成线形沙脊，一般个数少，规模小。沙脊也可能存在于岛屿或沉没岩礁的背流侧附近，也有国外学者称之为旗状沙脊。

三、潮汐的发电作用

潮汐是一种具有强大动力和势能的海洋潮汐能。潮汐是由于月球、太阳对地球海水的吸引以及地球自转引起的周期性的有节奏的垂向波动现象。早在 15—18 世纪，人类就逐渐了解了潮汐能。当潮水上涨时，汹涌的水流具有很强的动能，当水位上升时，它会将大部分的动能转换成势能；退潮时，水流奔腾而去，水位下降，势能又会变成动能。世界上，加拿大的芬地湾、法国的塞纳河、中国的钱塘江、英国的泰晤士河、巴西的亚马逊、印度的恒河等的入海口，潮差均较大。国外芬地湾的潮差最高，高达 18 米，国内杭州湾潮差最高，为 8.9 米。通常，超过 3 米的平均潮差便具有实际应用价值。

潮差又称潮幅，是潮汐周期中潮水高低的差别，反映潮汐活动的强度。根据潮差，科学家们将潮汐海滩分为以下几类：潮差超过 5 米的为强潮差海岸；潮差 3.5～5 米的为中等潮差海岸；潮差 2～3.5 米的为低至中潮差海岸；潮差 1～2 米的为小至低潮差海岸；潮差小于 1 米的为小潮差海岸。

潮汐能是海水周期性涨落运动中所具有的能量，是由日、月引潮力的作用，使地球的岩石圈、水圈和大气圈中分别产生的周期性的运动和变化的总称。世界上潮差的较大值约为13～15米。海水的各种运动中潮汐具有周期性、规律性，可以进行准确预报。同时，潮汐能也是一种不消耗燃料、没有污染、不受洪水或枯水影响、用之不竭的再生能源。在海洋各种能源中，潮汐能的开发利用最为现实、最为简便，潮汐能的利用也是最成熟的。

潮汐能的利用方式主要是发电，潮汐能电站已在20世纪六七十年代完全实现商业化运行。潮汐发电是利用海湾、河口等有利地形，建筑水堤，形成水库，以便于大量蓄积海水，并在坝中或坝旁建造水利发电厂房，通过水轮发电机组进行发电。只有出现大潮，能量集中时，并且在地理条件适于建造潮汐电站的地方，从潮汐中提取能量才有可能。中国早在20世纪50年代就开始利用潮汐能，目前中国尚在运行的潮汐电站有近10座。其中浙江乐清湾的江厦潮汐电站1985年底全面建成（图2-5），是中国也是亚洲最大的潮汐电站，仅次于法国朗斯潮汐电站和加拿大安纳波利斯潮汐电站，居世界第三位。此外还有1980年投产发电的江厦电站，技术也较成熟，在海上建筑和机组防锈蚀、防止海洋生物附着等方面以较先进的方法取得了良好效果。其中机组采用了技术含量较高的行星齿轮增速传动机构，具有双向发电、泄水和泵水蓄能多种功能，达到了国际先进技术水平。

当1平方千米的海面上，潮差为5米时，潮汐能发电的最大功率可达到5 500千瓦；当潮差为10米时，其最大功率可达到22 000千瓦。因此，潮汐能被称作“蓝海油田”。虽然我国潮汐能理论估计为10^8千瓦量级，但实际可供使用的数量却远远低于这个数值，中国东海沿海潮差大，渤海与黄海沿海潮差中等，南

图 2-5　中国江厦潮汐试验电站

海潮差相对较小。了解沿海地区的潮差和规律，对科学开发利用海洋潮汐能具有重要的现实意义。

世界各国都已选定了相当数量的适宜开发潮汐电站的站址。比如 1966 年建成投产的法国朗斯潮汐电站是世界首个潮汐电站，采用灯泡贯流式水轮机组，总装机功率为 24 万千瓦，至今已商业化运行超过半个世纪。1984 年建成的加拿大安纳波利斯潮汐电站，装有 1 台容量为世界最大的 2 万千瓦单向水轮机组，采用了新型的密封技术，冷却快，效率高，造价比法国灯泡式机组低 15%。2010 年韩国建成迄今为止世界规模最大的潮汐电站——始华湖潮汐发电厂，该发电厂装机的并网发电总容量达 25.4 万千瓦，年发电量超过 5.52 亿千瓦时，每年可减少 32 万吨温室气体的排放。但因受拦坝式潮汐电站在建设过程中可能引起严重环境影响问题所限，在世界上潮汐资源最富集地区，潮汐能都未能得到大规模应用推广。在潮汐能方向上的研究工作主要还是聚焦大型潮汐能电站的环境影响评价，另外国际上也在研究一些生态友好型的潮汐能利用方式，试图通过新的潮汐能利用方式来解决传统拦坝式潮汐能电站长期运行对电站周边水文、生态环境的影响。目前潮流能已实现兆瓦级、小批量商用机组的并网运行，有望进入规模化商业开发的阶段，成为全球海洋能发电的主力军。①

潮汐能的使用，在很大程度上是由潮汐发电实现的。潮汐发电原理类似于普通的水力发电，是利用水库，在涨潮时把海水贮存在水库里。在潮汐期间，通过排水，通过高低潮位的落差，使水轮旋转，从而驱动发电机组发电。不同的是，潮汐式水轮机的设计要适应低水头、大流量的需求。

潮汐发电有以下三种形式：

单库单向电站：即只用一个水库，仅在涨潮（或落潮）时发电。

单库双向电站：用一个水库，但是涨潮与落潮时均可发电，只是在平潮时不能发电（图 2-6）。

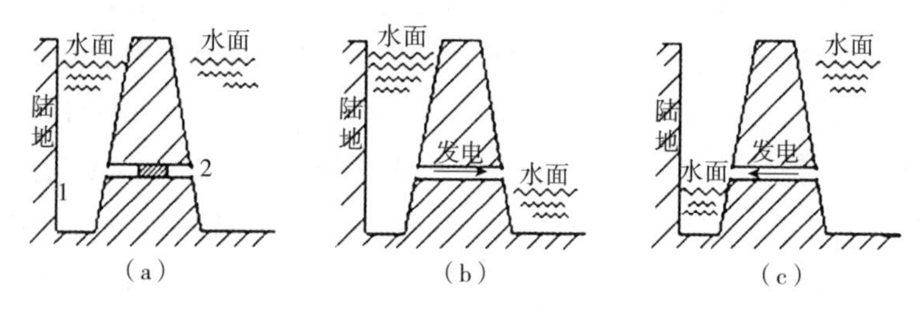

图 2-6　单库双向潮汐发电站

双库双向电站：它是利用两个邻近的蓄水池，一个蓄水池在涨潮时蓄水，一个蓄水池在退潮时蓄水，因此，前一个蓄水池的水位总是高于后一个蓄水池，前者叫上蓄水池，后者叫下蓄水池。水轮发电机组位于两个蓄水池中间，由于两个蓄水池的高度

① 崔琳，李蒙，白旭．海洋可再生能源技术现状与发展趋势［J］. 船舶工程，2021，43（10）：22-33.

相差不大，所以可以全天发电。

潮汐发电的要求很高，至少要达到数米。因此，沿海地区的地势要能够储存大量的海水，并且可以进行建筑。20 世纪初期，欧美等国对潮汐发电进行了研究。第一座具有商业用途的潮汐发电装置是在 1966 年建成的法国郎斯发电厂，该电厂位于法国圣马洛湾郎斯河口。郎斯河口的最大潮差是 13.4 米，平均潮差是 8 米。一座横跨朗斯河的大坝，全长 750 米，坝上有供汽车通行的道路桥梁，坝下有船闸、泄水闸、发电站等。郎斯潮汐发电厂的机房里安装了 24 台双向风能发电机，当潮水涨潮和落潮时，提供电能。总装机容量为 24 万千瓦，每年通过国家电网提供的电力超过 5 亿千瓦。

经过一段时间的发展，全世界 20 多个适合建设潮汐发电站的地区，都在进行潮汐发电站的研究和设计。随着科技的发展，潮汐发电的费用逐渐下降，到了 21 世纪，将会有越来越多的现代化的大型潮汐电站投入使用。20 世纪浙江乐清湾江夏潮汐电站是亚洲最大的潮汐发电站，总装机达 3 200 千瓦。

潮汐不仅可以发电，还可以捕捞、制盐、航海、饲养海洋生物等。

第三节　洋　　流

一、洋流的基本特征

以前人类并不清楚海洋是怎样运动的，也不清楚海洋运动时能量是怎样变化的。美国科学家迪安·邦珀斯于 1956 年 4 月在美国东部科德角将一批漂流瓶扔到大西洋。58 年后，其中的一个瓶子在加拿大一个小岛上被人发现了，是什么力量使这只瓶子飘了这么远？事实上，这都是海洋中洋流的功劳。

洋流又称海流，是一种在某一方向上由海水流动引起的水文现象，即受热辐射、蒸发、降水、冷缩等多种因素的影响，受风力、地转倾向力、引潮力等的作用，形成了密度不一、相对稳定的水团。海流和潮汐都是海水的运动形式，不同之处在于，潮汐是垂直方向的周期性波动，而海流是水平方向的周期性波动。洋流是各大洋之间“交流”的中介，具有稳定海洋生态平衡的功能。影响洋流的因素很多，大气运动是影响洋流的主要因素。狂风呼啸，吹得海面“东倒西歪”，表面的海水带动着下方的海水，形成了汹涌的水流，便是洋流。另外，海水密度的差异也是造成海水流动的主要原因。受风速、密度等因素的影响，会造成海水的流出比进入时少，从而将邻近海域的海水流入进行补充，这也是造成海流的一个重要因素。此外，海床的地貌、海平面、岛屿等都会对海流有一定的影响。洋流的宽度通常为几十至几百千米，长度可达到几千千米，速度通常为每小时 1～3 千米。

大海并非其表面看上去那么“单纯”，内部也存在着类似于河流的体系，但是不同于河流的是，洋流除了长度和宽度不同之外，还存在着不同的温度。所以，海洋的流动没有河流那么持久和稳定，而是不断地发生变化的。按照其特性，海流可以分为多种类型。根据其冷暖的特性，可以将其划分为寒流与暖流。

寒流指由高纬度向低纬度方向流动的洋流。由于寒流本身的温度要低于其所到达的水域的温度，因此寒流所经之处的温度也会随之降低。在海洋中，温度低于所到达海域的温度，即为寒流。图 2-7 为世界洋流分布图，其中著名的寒流有：

秘鲁寒流——是南太平洋东部的低盐度的洋流，从智利南部到秘鲁的北部，沿着南美洲西岸延伸，从南向北，即为著名的秘鲁寒流。每年的 11 月到来年的 3 月，都是南半球的夏天，水域温度上升，向东流动的赤道暖流得到加强。由于气压带和风力带向南运动，东北信风在经过赤道时，会受南半球的自偏力（也就是所谓的自转偏移向力）的作用，向左偏转成西北季风。西北季

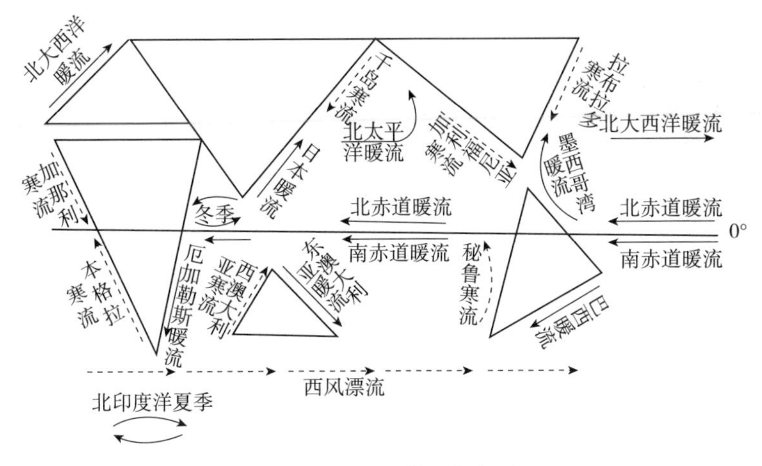

图 2-7　世界洋流分布图

风不仅削弱了秘鲁西海岸的东南信风，也削弱了秘鲁寒流，并将其转移到了温度更高的赤道附近，使秘鲁寒流的水温反常升高。这种无声无息的、不稳定的海流被称之为“厄尔尼诺暖流”①。

加利福尼亚寒流——是北太平洋洋流之一，从加拿大不列颠哥伦比亚省的南海岸开始，沿北美洲西海岸向南移动，最终在墨西哥的加利福尼亚州的外海与赤道洋流汇合。

拉布拉多寒流——从北冰洋向南流入拉布拉多半岛的洋流，位于纽芬兰岛的东南方向，北纬 40°，与墨西哥暖流交汇，形成了著名的纽芬兰渔场，导致这片海域时常被浓雾笼罩，温水鱼类和冷水鱼类聚集在一起。拉布拉多寒流还会导致北冰洋和格陵兰的大量冰山和浮冰流向此处，这不但使海水温度下降，而且对海洋运输造成了极大的威胁。

在全球平面图上可以看到，海洋中的各种海流首尾相连，形成了一个有规律的循环系统（图 2-7）。有些是围绕着全球海洋

① 周淑贞．气象学与气候学［M］．3 版．北京：高等教育出版社，1997.

流动，有些是在不同的大洋中自循环，有些则是与其他大洋直接或间接地连接在一起，称为“大洋环流”。大洋环流是连接世界大洋的纽带。

暖流是由低纬度向高纬度方向流动的洋流。和寒流类似，暖流本身的温度要高于其所到达的海域温度，因此暖流所经之处的海水温度会上升。

墨西哥暖流又称墨西哥湾流，是全球最大的海流。它不但汇集了北赤道和南赤道的洋流，也吸收了大西洋暖流，形成了一个庞大的热水库。每年都有大量的热能被输送到西北欧地区，使得那里的天气更加温暖潮湿。墨西哥暖流发源于加勒比海，经过墨西哥海岸，美国佛罗里达海峡，流入大西洋，流向西北欧海域，最后流入寒冷的北冰洋。墨西哥湾流的水流速度最快为每秒 2.5 米，全长约 5 000 千米。表层海水年平均温度在 25～26℃，水流宽度在 100～150 千米，水流深度在 700～800 米。墨西哥湾流最湍急的部分，最大的流速是每秒 1.5 亿立方米。世界上所有河流的总流量，也不过是其流量的一百二十分之一[①]。

西北欧的温度要高于同一纬度的加拿大东部的温度，因为墨西哥湾流所带来的海水表面温度更高。科学家们预计，若墨西哥湾流彻底消失，欧洲冬天的温度可能会骤降至－20℃。墨西哥湾流被称为“最有力暖流”，这是毋庸置疑的。

黑潮是太平洋暖流中的一部分，位于墨西哥湾暖流之后，是世界上排名第二的暖流。黑潮的行进路线为，从菲律宾出发，经过台湾东部海域，沿日本向东北方向流动，与亲潮会合后，流入北太平洋暖流。黑潮把温暖的热带海水带到了北极的寒冷地区，使那里的海水变得适宜生物生存。黑潮之所以叫黑潮，是因为它的颜色比普通海水要深一些，因为黑潮中的杂质很少，所以太阳

① 林静．资源丰富的海洋［M］．北京：中国社会出版社，2012.

穿过海面，很少会被反射到海面上。黑潮的速度很快，就像是在公路上行驶一样，可以为鱼类提供一条快速、方便的道路，因此在黑潮中，可以捕获大量的洄游鱼类，以及被这些鱼类吸引而来觅食的大型鱼类。

黑潮的速度在100～200厘米/秒，厚度在500～1 000米，宽度在200千米左右。日本四国岛的潮角附近的海水流量是6 500立方米/秒，这是全球最大流量的亚马逊河的360倍。黑潮的年平均气温为24～26℃，冬季为18～24℃，夏季为22～30℃。黑潮的气温在夏季比黄海高7～10℃，冬季高20℃。黑潮的主要方向并非东亚的边境，而是东亚岛弧形，因此黑潮对岛弧的影响要大于陆地。但是，黑潮的支流一直向东亚边境的方向蔓延，对整个大陆都造成了巨大的冲击。

除了冷暖区分外，根据其成因，洋流又可划分为风海流、密度流和补偿流三种。

风海流：又被称为吹送流、漂流。盛行风吹拂海面，推动海水随风漂流，并且使上层海水带动下层海水流动，形成规模巨大的洋流。世界大洋表层的海洋系统，大多属于风海流。

密度流：不同的海域，海水的水温和盐度并不相同，这会使海水密度产生差异，从而引起海水水位的差异，在不同海水密度的两个相邻海域之间产生海面的倾斜，造成海水的流动。

补偿流：当某海域的海水减少时，相邻海区的海水便来补充，这样形成的洋流称为补偿流。补偿流既可以水平流动，也可以垂直流动。垂直补偿流还可以分为上升流和下降流，如秘鲁寒流属于上升补偿流。

二、洋流的作用

洋流具有很强的能量，单是墨西哥湾流就有50倍于全世界河流的能量，黑潮流的能量是全球河流能量的20倍。墨西哥湾流拥有 100 万千瓦的可利用能源，年平均发电量 2 190 亿千瓦时；而黑潮中的可利用能源是 40 万千瓦，年平均发电量是 1 700 亿千瓦时。洋流拥有如此庞大的能源，为何到现在还处于实验阶段，而不是商业化开采？这主要是由于洋流在水平方向流动时，水流速度比较缓慢，通常只有每秒几毫米的速度，而少数速度较快的水流可以达到每秒十几厘米。河流则不同，河床是有一定的比降的，水流在重力的驱动下，由上游到下游时水流的速度比海流要快许多。因此，在海流发电设备的设计中，如何将海流能量聚集在一起是一个很大的问题。在江河中可以修建高坝，储蓄水量，形成较大的落差，再用马达来发电。但是，在海上建造这样的工程，难度很大，十分困难。海流发电作用原理见图 2－8。

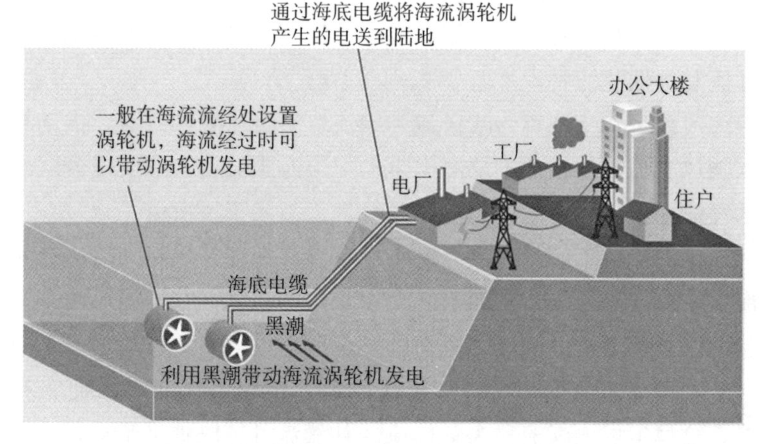

图 2－8　海流发电作用原理

美国已经研制出了一种旋转的海流发电设备，它的外形是一种长达 100 米、直径 200 米的圆形外壳，上面有一根喉状装置，可以加快海流的流动速度，它的喉部上有一座边缘是固定的双旋转的涡轮机。在涡轮机的侧面，有多个功率输出设备，可以驱动发电机发电，这种设备可以在 30 米的深度，通过三点锚链将其固定，不会对海上航行的船只产生影响。

还有一种链式发电设备，它比旋转式海流发电设备更小巧、更灵活，它将发电机固定在一艘停泊在海流区的船只上，船尾有一条长长的环链，环链上装有若干个降落伞装置，在链条的中央部位有一个传送带，在海流的推动下，该装置驱动传送带转动，带动齿轮转动，驱动发电机发电。经过测试，这些设备都能产生电力，但是还处于实验和改进的阶段，尚未进入商用。

黑潮位于太平洋西部，宽 185 千米，平均深度约为 400 米，最深处达 700 米，平均流速为每秒 0.3 米，每年可发电的理论数据为 1 700 亿千瓦时，因此，设计一种适用于两种海流发电的设备，是当前工程师们所关心的问题。

现有的海洋能源开发方案就是利用墨西哥湾流和太平洋西部的黑潮来发电。这两股洋流的流量大、速度也快。墨西哥湾流从墨西哥湾东北部穿过佛罗里达半岛，进入大西洋，再向东北流入英国。它的流速最大每秒可达 1 米，它的宽度约 100 千米，深度达 500 米，每年平均发电量可达 87.6 亿千瓦时，这是根据流量计算的理论发电数据，但实际不可能达到这么多。

全球海流中除了这两大流速较快的海流外，还有一系列巨大的海流体系，但流速较慢。如何使慢速海流能够发出电来，还要做进一步的研究。利用海流发电，还要考虑其他许多因素，如果把海流发电装置放在港口、河口区，可能会影响航运与渔业捕捞作业。如果把发电装置放在远离港口、河口区，发出的电要远距离输送到港口等人口密集的陆上城市去，存在电能的输送问题。海流发电还涉及环境与气候的问题，如使用墨西哥湾流发电，影响湾流流向欧洲的流速和流量，是否会对欧洲气候造成不利影响。墨西哥湾流是水温高的暖流，从佛罗里达半岛南侧流出后，折向东北方向流向英国和欧洲大陆，温暖的海水使欧洲大陆的气温得以升高，如果大量的墨西哥湾流在佛罗里达半岛附近被用来发电，使它向东北方向流动的流速降低，到达英国和欧洲大陆时的水温下降，这将对那里的气温造成不利影响，使英国和欧洲大陆变得寒冷和干旱。同样，黑潮的利用将影响日本的气候，这也是工程技术人员和科学家必须考虑的问题。但为了保护全球环境，开发洁净的海流能源发电是一个可行的正确方向，科学家和工程技术人员正在考虑各方面的因素来合理地使用海流能源。

海流的形成主要是因为风和海水密度的差别，一般水层的厚度不会超过 100 米；海流的速度一般不会超过 0.5～1.5 米/秒，而随着深度的增加，水流的速度会越来越慢，从而产生“等深流”。海流的地质作用是将粉沙、黏土等悬浮物质从浅海缓慢地运到海底。等深流的速度和承载能力的差异，将会对其所承载的物料颗粒大小及运输模式产生一定的影响。此外，由于输送物质的沉积速率及湍流的出现，也会对输送距离造成一定的影响。

磷矿是由生物在 100～500 米深的海底生活产生的磷酸盐，经过上升流进入浅水区，再经过生化反应而沉积。洋流在海床上产生了轻微的冲蚀，能够携带细小的碎片，在海洋底部的深水流沿着陆坡等深线的方向流动。在陆隆上的等深流能冲刷、搬运和再沉淀，对海底沉积物的特性起着重要作用。

另外，洋流还会对海洋生物、气候、环境等产生一定的影响。暖流对沿海地区的气候有增温、增湿的效果，而寒流则具有降温和降湿的功能。在寒流和暖流的交界处，会产生大量的营养物质，而这两股洋流就会形成“水障”，阻碍鱼类的活动，从而导致大量的鱼群聚集，比如纽芬兰渔业、日本北海道渔业、秘鲁渔业等。船只顺流而下，既能节约燃油，又能加快速度。在暖流和寒流交汇时，会产生大量的海雾，严重影响了船只的航行。洋流能将北极的冰山推向赤道，对海上船只造成威胁。洋流将海水中的污染物带到其他水域，使海洋污染加剧。

洋流深藏在海面以下，它对航行的影响是非常大的。18 世纪 50—60 年代。美国发明家们已经注意到了洋流对海洋的直接影响。当时，就美国邮政总局局长发现了这种奇怪的现象，即从美国开往欧洲的邮轮总共要比从欧洲开往美国的邮轮节省两个星期。经调查之后发现，美国和欧洲沿海之间有一股较强的洋流，顺流航行时节省了不少时间，逆流航行时自然增加不少的时间。洋流带的冰山也会对海上航行造成巨大的威胁。英国邮船泰坦尼克号于 1912 年撞上冰山，造成 1 500 人死亡。它沉没的位置大概位于北纬 41°，西经 84.9°附近。实际上，在北线 40°的海域是不会形成冰山的，泰坦尼克号撞击的冰山就是洋流带来的。

北大西洋暖流是大西洋北部最强的暖流，也是墨西哥暖流的一部分。这种暖流对西欧与北欧地区的气候均有显著的增湿效应。每年向西欧与北欧每千米海岸输送相当于燃烧 6 000 万吨标准煤释放的热量。

第四节　浊　　流

一、浊流的一般特点

浊流是指富含悬浮固体颗粒、密度大于周围水体的高密度水流，通常是在重力驱动下顺坡向下流动。一般认为，大河河口三角洲的前缘、大陆架边缘及陆坡之上是浊流的源头。在这里，大量的沉积物被风暴搅动、地震震动、河水冲击和海底滑坡等所激发，并重新在海水中扩散，从而形成了一股浑浊的水流，即为浊流。其中，大规模的海底滑坡是引发浊流的主要因素，而海床的震动和松散沉积物的累积则是引起海底滑坡的直接原因。浊流中夹杂着大量的悬浮物，如沙粒、粉沙、淤泥等，甚至还夹杂沙石。因其高密度，在重力的作用下，以束或面的形式沿斜坡流下，对坡面造成冲刷和切割，从而形成了海底峡谷。在进入缓冲区后，由于水流速度降低，沉积物逐渐堆积，形成了海底扇。

浊流可分为头、颈、身、尾四个区域。典型的泥沙淤积表现为粒序层理和定向侵蚀，沙层底部存在充填痕，并存在以层间出现的远洋泥沙，具有特征性的鲍马沉积构造序列，如图 2－9 所示。等深流沉积是现代陆隆中一个非常重要的沉积类型，它通常与重力流沉积和半远洋沉积形成互层。浊流经陆坡基部后，大量的泥沙沉淀，形成了一个扇形的堆积，即浊积扇，也被称为深海扇、海底扇，一些学者将大西洋三角洲附近的相似的堆积地貌称为“深海锥”。深海锥是在河流三角洲的外围，分布着广泛的盆地，沉积物负载较多，一般位于大陆架的边缘。亚马逊河、恒河、密西西比河三大河流的外围，都有巨大的深海锥。孟加拉深水锥是由恒河沉积物形成的，其体积大小为 3 000 千米×1 000 千米×12 千米。喜马拉雅山在第四世纪升高了 2 000 米左右，由于迅速的上升，造成了强烈的冲刷，大量的泥沙通过河流流入孟加拉海湾。

鲍马序列和异位体化石是浊积物鉴别的重要标志。由图 2－9 可以看出，鲍马序列是一种特殊的颗粒级序，它是由 5 个不同的层系组成的，从 A 到 D 是浊流沉积形成的，颗粒尺寸从下往上逐渐变小是由于浊流流速缓慢降低造成的。完整的鲍马序列极少见，在以细沙沉积为主的海域，往往缺乏 A 层和 B 层，而且缺乏水流对下伏沉积物的冲刷痕迹[①]。一般认为，在深水区，以细沙沉积为主的海域，岩心有粗粒状的沉积物，就是一次浊流活动。浅海海底生物化石是通过浊流运输至深海的，而异位生物的出现则为浊流的鉴别提供了有力的依据。总体而言，生活在大陆架浅水区域的生物微粒是最大的，它们先与较粗的底层浊积物一起沉淀，而上层的微粒则以深水生物碎屑为主。

① 何幼斌，王文广．沉积岩与沉积相［M］．北京：石油工业出版社，2008.

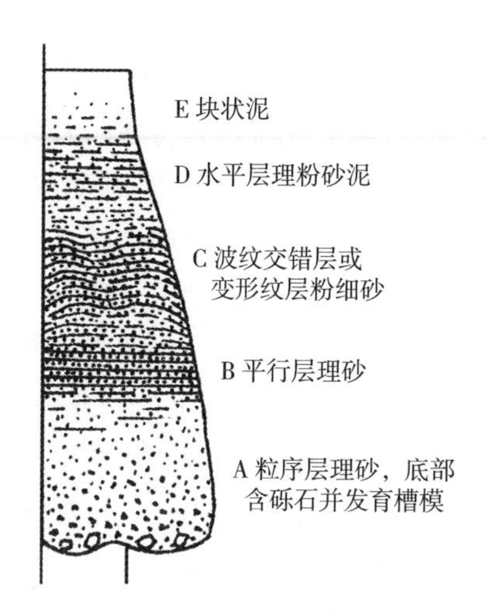

图 2-9　鲍马沉积构造序列

二、浊流的作用

浊流的承载能力非常强大，它的速度是 3 米/秒，可以承载 30 吨的巨石。由于受到风暴、潮流、海底地震等外在条件的影响，导致了大陆坡面上大量富含水分的软泥和疏松的岩屑沿斜坡向下流淌。因而，绝大多数的浊流都是在大陆架和大河口附近形成的。在海底，浑浊的水流沿着陆地的斜面流向深海平原，在那里形成了一个又深又陡的海沟。当浊流冲出峡谷，冲入深海平原时，由于水流的急速减慢，许多残骸和物质被堆积起来，形成一条长长的舌头状沉积带，也就是所谓的浊积扇。浊流沉积是一种典型的陆源碎屑岩，与海洋中的生物遗存相混合，显示出了分离和分层的特点，如图 2-10 所示。

浊流具有强烈的侵蚀作用，其主要分布于大陆架斜坡。目前，在各个海洋的大陆架坡面上，已经发现了数以百计的海底峡谷。一般认为，这是浊流冲刷作用造成的。试验表明，当倾斜度为3°时、密度为2克/立方厘米、厚度为4米的浊流，其流速可达3米/秒，能搬运2～30吨的大型岩石。因此，在斜坡上，含有大量的岩石碎石和沙砾的浊流，其侵蚀能力是很强的。极限大陆坡是海陆两个地壳的交汇点，由于断层活动而引发的地震往往会引发滑坡，从而导致大量的浊流形成。

浊流在输送过程中，其动力强劲，紊流强烈，不仅可以输送砾石、岩石，而且可以将大量的砂及碎片以悬空的方式输送，其输送距离可达数千千米。但是，由于浊流并非周期性的海洋活动，因此，它的运载能力随着时间和地点的变化而变化。海水是一种很复杂的物质运输方式。粒径越大，沉淀速度越慢，离来源区越远。通过分选，海岸沉积物的粒径变大，离海岸边的距离也会变得更远。而且，由于波浪的往复作用，滨海带碎片经过多次的相互研磨和翻滚，可以获得较好的磨圆效果。上述特征在海底沉积物中得到了充分的体现。陆隆是浊流运载作用形成的。当浊流从大陆斜坡上倾泻而下时，由于地势的变化，水流的速度会急剧下降，从而形成了大量的悬浮物。沉积物是一种向海洋底部逐渐变薄的楔形构造。没有沉积在陆隆上的微小的悬浮物质，会被带到更远的海底平原，最后都会沉淀下来。因此，很多海底平原沉积物也与浊流运动密切相关（图2-10）。

浊流具有较大的规模、快速的冲刷和输送能力，对泥沙的沉积和地形的形成具有重要的影响。海底沟谷横跨大陆架和大陆坡面，终止于陆隆处，是浊流冲刷和浊流搬运的通道。更多的是在陆地和岛屿之间，峡谷有几百米深，山谷有几千米宽。其首段一般发源于大河的入海口，而在其前方则在河脊上分成几个支脉。位于大西洋北部的格陵兰和布拉多之间，有一条由北向南、约5 000米长的海底峡谷，是全球最长的海底峡谷。

海底峡谷是什么？海底峡谷即“水下峡谷”，是在陆地的边缘形成的。其头部多向陆坡上端或陆架延伸，甚至靠近海岸线，

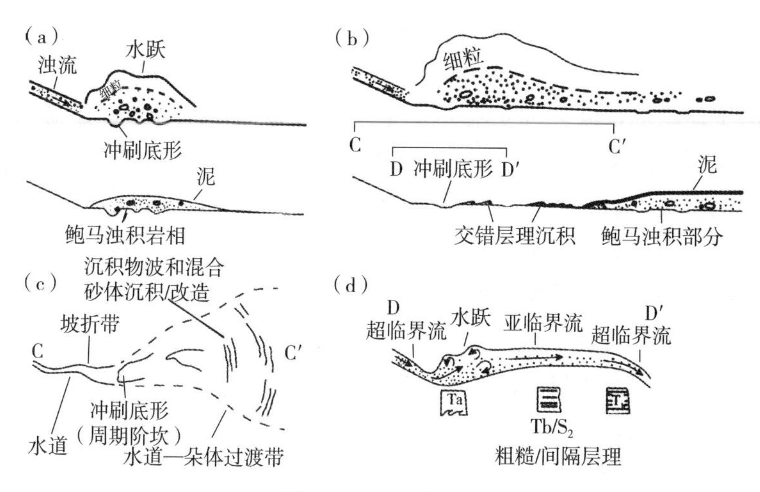

图 2-10　浊流沉积

其谷轴呈曲线状，有许多支谷航道，形似陆地上的峡谷。该山谷总体上是直线形，峡谷两壁均为阶梯状的陡壁，横断面为“V”形。峡谷头部的平均水深为 100 多米，末端的深度为 2 000 米，个别的甚至达到 3 000～4 000 米①。大部分的海床峡谷都是在陆地坡面上出现的，它们一直延伸到大陆架，直到海洋底部才会消失。

海底峡谷经常会有较多分支汇入，呈树状。谷壁通常被沉积物所覆盖，但是偶尔也会出现基岩。很多海沟的近岸谷头都是陡峭的，有时达到 45°。谷壁多为直立甚至呈垂悬的，经常有凹陷或光滑的表面，如被冰川侵蚀；谷底通常是沙砾或其他粗糙的沉积物，部分地区的基岩裸露，斜坡起伏较大。一些海底峡谷由于陆上河口的迁移，虽然由于更新世冰川消融造成海平面升高而淹没了很多河口，但是它们的入海口和海底峡谷之间的联系仍然是

---

① 殷绍如，王嘹亮，郭依群，等．东沙海底峡谷的地貌沉积特征及成因 [J]．中国科学：地球科学，2015，45 (3)：275-289.

可以比较的。白令海是全球最长、最大的海底峡谷。

在海底峡谷中，淤积物质搬运的主要动力包括：泥沙流动、向下运动的水流、密度流（浊流），将其搬运形成沙坡。这是由于淤泥比附近的海水更重，使海水沿着斜坡流动形成的。陆棚或大陆斜坡上能够运送大量卵石等沉积物。沉积物被移至海底峡谷的出口，形成了一个巨大的海底扇。比如1929年的一场大地震，跨越大西洋的海底缆线被大浅滩海岸附近的高密度水流（时速超过97千米）扯断。另外一个造成海底峡谷的因素是谷底的泥沙流动。从峡谷入口处的巨大海扇形结构来看，海底峡谷的年代已经过去了数百万年。

海底峡谷的水深是从上层到底部逐渐加深的。其纵断面多为上凹或多个折断，少数为上凸或较为平坦。哈德逊峡谷是世界闻名的，从哈德逊河口延伸到大西洋。巴哈马峡谷是世界上最深的海底峡谷，它的谷壁高差4 400米，与陆地上的大峡谷不可同日而语。在海底峡谷中，有很多不同时期的基岩露头，谷底有淤泥、粉沙、沙砾石等。浅水区具有递变层理的沙层和粉沙层，经常与深海泥质沉积物相互交错，偶尔还会夹杂着滑塌的沉积物。

关于大陆坡上的这些海底峡谷的成因，总的说来可以大体上归纳为：构造成因、侵蚀成因和综合成因等三类。

（1）主张构造成因的人认为，海底峡谷是当大陆块隆起，洋底下陷时，在大陆边缘生成的垂直于陆坡走向的放射形裂隙。

（2）主张侵蚀成因的人认为，浊流对峡谷的形成起着最大的作用，当冰期海平面下降时，河流挟带大量泥沙入海，陆坡顶部的沉积物也被冰期下降了的波底搅混起来。这种浊流流下陆坡，冲刷出许多沟谷，其中一些特别大的就发展成海底峡谷。

（3）主张综合成因的人认为，在过去的地质时期中，无数河流在大陆边缘上切出深邃的河谷。在大陆边缘的地壳不断地发生沉陷或下挠的过程中，切出的河谷逐渐被带入海底去，最大可带到几千米深的地方。这时，河谷的下游就位于陆坡上了。由于大陆坡上部一般较少被厚层沉积物所覆盖，所以古河谷能较好地保存下来，而在陆坡下部，它们往往被沉积物所填充，所以海底峡谷一般在水深 2 000～3 000 米的陆坡上逐渐消失不见。

根据其成因和物理特性，可将海底峡谷划分为下列类型：

（1）海底扇形谷。海底峡谷的入口是一个巨大的盆地，由大量的沉积物质构成，沉积呈扇面形，这是海底峡谷谷底的延伸。扇形谷两边都是陡峭的悬崖，相对高度大约有 200 多米。

（2）陆架沟渠。陆架沟渠是一种穿越大陆架的浅谷，其谷壁一般不会超过 183 米，沟槽多位于某些大陆架边缘的盆地处。事实上，这样的陆架沟在海底并不常见。较为典型的有哈德逊沟渠位于纽约海岸外，赫德海沟位于英吉利海峡①。

（3）冰蚀槽。这种槽形谷地大多位于大陆架附近的冰蚀海岸，其深度一般超过 183 米。在冰蚀槽的底部，有几个小的盆地和几个分支。通常，冰蚀槽的宽度约为 80 米，深度在 500～600 米。最有名的冰蚀槽是劳伦琴冰蚀槽，从圣劳伦斯湾起，绵延 1 046 千米，至萨格纳河外 241 千米的大陆架边缘处。当大陆架浮出海面时，大量的冰川流过，将地表剖开，形成了一个巨大的沟槽，便形成了冰蚀槽。深海峡谷是在深海中的海底发现的，其断面呈凹槽状。有些方向与大陆的边界相平行，有些则与大陆的边界形成了较大的夹角。深海峡谷是在海底浊流的冲击下形成的（图 2－11）。

马里亚纳海沟是世界上最深的海底峡谷，也称之为马里亚纳群岛海沟，是目前所知最深的海沟，也是地壳最薄之所在。马里

---

① 韩喜彬，李家彪，龙江平，等．我国海底峡谷研究进展［J］．海洋地质动态，2010，26（2）：41－48.

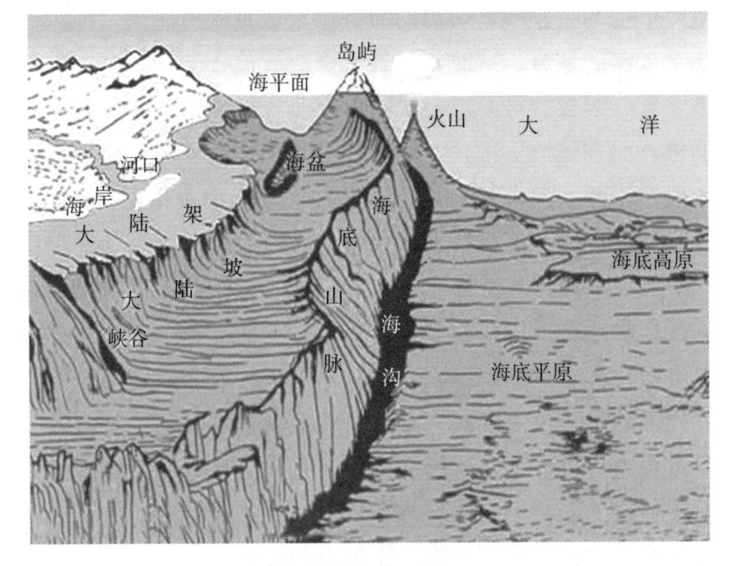

图 2-11　海底结构图

亚纳海沟位于西太平洋的北端，自菲律宾东部洋面至琉球群岛东日本南部海域，与日本海沟接壤。坐标为北纬 10°～32°，东经 130°～135°最深的位置在北纬 32°，最大的深度是在海平面之下的 11 034 米。海沟的内部很窄，周围都是岛状的岛屿，马里亚纳群岛是地震密集区。这条海沟是太平洋板块和菲律宾板块的潜没区，且太平洋板块潜没于菲律宾板块的下方。海沟在海平面下的深度，比珠穆朗玛峰海平面以上的海拔还要高得多。

在这种深度的海底，重力是多少？还有没有地磁场？海底还有波浪么？海沟里面到底是平的，还是陡峭的？是生机勃发，还是寂静无声？有没有美人鱼？这一切，都让人浮想联翩。

马里亚纳海沟是强烈的太平洋西部构造的活动带，马里亚纳海槽为其三大主要构造单元之一。海槽的中央裂谷将海槽分为东西两个区域，西面的海床是凹凸不平的，而西马里亚纳海脊的边缘则是一片高达 2.5 千米的悬崖，从南面到北面的水平偏差逐渐减小，但沉积物的厚度在不断增加。

海槽东部的海底地势较为平缓，但在火山岩的沉积物下面，基底起伏的最高处达到1 000米。在裂谷东部20千米处，沉积层的厚度通常超过500米。由于裂谷东缘断裂的阻隔，该地区的物质迅速堆积，其成分基本上都是活动岛弧内的火山碎屑。在海槽轴裂谷中，地堑谷地、断崖槽壁、扩展裂谷、槽底隆脊、槽底断块等均发育良好，其中正地形与负地形之间高差达2 600米。

强烈的火山活动及其他地质构造活动，对各种地形的空间和形态进行了控制，使区域的地质构造甚至“细微结构”产生了变化。磁性物质源不同空间、不同时代的分布，又决定了磁场的分布面貌和特征，表现为磁场分布复杂，走向和线型分布不如大洋中脊清晰，磁场振幅较大。

中德于1990年7—8月再度执行SO69航程，全面考察马里亚纳海槽轴部的海洋地质。根据海槽的结构特点，纵向与横向的交错断层对整个海槽的形成与演变起着重要的作用。在深大断裂中，岩浆物质的侵入、上涌和爆发，在不同时期形成了不同规模的海底火山。这些形态各异、时代不同的海底结构与地形单位构成了“物质源”。

在纵横断裂的交叉点，岩浆活动十分活跃，拉斑玄武岩的分布十分广泛，使很多磁场表现为高梯度、高幅度的正异常。马里亚纳海槽轴部断裂具有复杂的地质构造特征，显示出正、负磁异常交替、线性走向不清晰、分布格局复杂等特点。

马里亚纳海槽为半弧形的准盆地，至今仍然活跃。该准盆地是太平洋板块的贝尼奥夫带与亚洲板块间相互冲击形成的，其地质结构与标准洋盆存在着显著差异。①海槽的重力异常。在软流圈中，由于地幔温度过高导致物质的膨胀，火山的活跃。马里亚纳海槽重力异常、自由空间异常和布格异常均为正，与常规大洋盆的重力异常组合有很大差异，自由空间异常比一般洋盆大得多。②经常发生火山地震。马里亚纳岛弧段从太平洋俯冲带向东，从菲律宾板块向西分开，从而形成高压区。在应力条件下，火山活动频繁，并与弧后的扩张相一致。马里亚纳海沟中最大的火山“群”，过去500万年来，曾在一个活动的火山弧上以10～15千米的速率快速成长。至今，海槽区仍然发生许多小规模的地震。

第三章　魔幻的浅层海水

本章通过举例一些有趣的现代生活具体产品、穿插海水与人类现代生活关系等科普知识点分析变化多端的浅层海水。首先分析海水的直接利用，主要包括海洋开发作业、海水浴场、水产养殖等作业。其次从冷凝用水、制碱用水、灌溉用水分析海水淡化的应用。最后从海水中的主要元素（镁、钾）、海水中的微量元素（锂、磷）、海水中的有机物（有机碳、石油、天然气）阐明海水化学资源利用。本章将按照浅层海水在现代生活的运用方式，分析其与现代生活的联系链条，感受浅层海水的魔幻。

第一节　海水直接利用

在海洋的浅水区，由于阳光的直接照射，浅海的生物比深海更多，特别是那些喜阳性的浮游微生物，所以浅层的海水中会含有较为丰富的有机物与营养元素，同时其可获得性也更强。目前，浅层海水的开发利用主要集中在海水直接利用和海水淡化节能利用、海水化学资源节能利用等综合利用方面。中国作为一个人口大国，对于海洋能源需求巨大，而其中最重要的就是浅层海水。近年来，我国主要海洋产业保持平稳增长，2021 年，随着新冠肺炎疫情对海洋产业影响减弱，我国海洋产业生产总值达到了 9 385 亿元，同比增长 8.3%。随着科学技术的发展和海洋资源的进一步开发，对浅层海水的开发利用方面仍有着较为充分的拓展空间。

按照海水利用方式进行作用分类，可分为海水淡化、海水直接利用、海水化学资源利用。海水直接利用是指用海水直接代替淡水作为工业用水和生活用水等方式的总称，其中包括海水冷却、海水脱硫、海水回注采油、海水冲厕和海水冲灰、洗涤、消防、制冰、印染等内容。通过对海水的直接利用可以缓解一些沿海地区淡水资源短缺的现状。海水直接利用的主要方式有海洋开发作业、海洋浴场、水产养殖。

一、海洋开发作业

（一）海洋开发

海洋开发是海洋及其周围环境包括大气、海岸、海底等在内的资源开发和空间利用活动的总称。通过对海洋资源的开发，使海洋的潜在价值得到充分挖掘，以此为人类的生存与发展创造有利条件。

（二）海水循环冷却

在海水直接利用领域，海水工业化直接利用的前景较为广阔。海水因为具备受季节影响不大、取水温度低、冷却效果好以及水源充足等优点，因此成为了沿海工业装置的主要冷却水源。循环水运送处于一个闭环系统内，会与空气完全阻隔，这也较好地避免了循环水的损耗和污染，最终做到节能减耗（图 3－1）。因此利用海水替代淡水作为工业冷却水的措施被越来越多的沿海化工企业采用，用来弥补我国沿海地区可利用水资源不足的短处。以青岛胶州湾沿岸为例，当地拥有丰富的海水利用经验，其从项目规划阶段开始，布设海水管道基础工程及其辅助设施，研究开发海水预处理技术、过滤保障技术、防海水腐蚀和防海洋生物附着技术，将海水进行冷却、化盐、冲渣、冲淤等多方面用途，日均海水利用量高达 500 万吨左右。因此面对淡水资源的紧缺局面，海水直接利用技术可作为替代淡水、解决沿海地区淡水资源紧缺的重要措施。

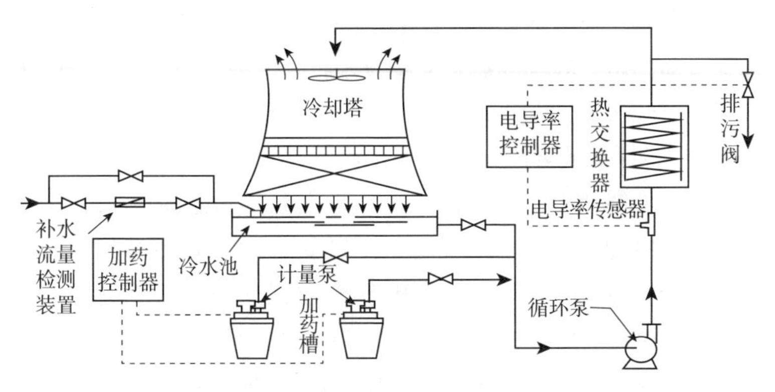

图 3-1 循环冷却水系统简化流程

海水循环冷却技术拥有百年的发展历史，自 1973 年美国大西洋城 B. L-England 电站建立了有史以来首个海水循环冷却系统，而后的 40 多年内，海水循环冷却技术在国外逐渐步入了大规模使用阶段，并且广泛覆盖电力、化工以及冶金等多个行业。美国对于海水循环冷却技术较为成熟，但其使用范围主要局限于电力行业。而在一些亚欧和中东国家，海水循环冷却技术则是得到了真正意义上的普遍运用，尤其是石油工业发达的中东地区，海水循环冷却技术在该行业发挥了关键作用，并极大地促进了石油工业的发展①。

我国海岸线长达 18 000 多千米，这也为沿海城市提供了充足的海洋资源。而海水直流冷却也有近 70 年的应用历史，但相对来说我国起步较晚。在“八五”时期，我国才开始海水循环冷却技术的研究。在经过一层层的技术攻关后，在 20 世纪末终于成功进行了百吨级工业化的试验。在之后的“十五”期间，我国

① 尹建华，李亚红．我国海水冷却技术应用研究［J］．海洋开发与管理，2017，34（12）：72-76.

在化工、电力行业成功建成千吨级和万吨级海水循环冷却示范工程，特别是《海水利用专项规划》的制定，促使我国的工程项目逐渐走向国际。我国的海水循环冷却技术伴随着千吨级、万吨级以及十万吨级这三套系统的成功投入运行而日趋成熟，随之步入了规模化和产业化的发展阶段①。到了“十三五”时期，规划提出结合部分高耗水行业新建、改扩建项目，拓展应用领域，推动海水循环冷却技术的应用规模化。到了2020年，沿海核电、火电、钢铁、石化等行业海水冷却用水量稳步增长。据测算，截至2020年底，年海水冷却用水量1 698.14亿吨，比上年增加了212.01亿吨。我国海水循环冷却技术当前拥有较庞大的发展规模，且始终向前稳步发展（图3-2）。

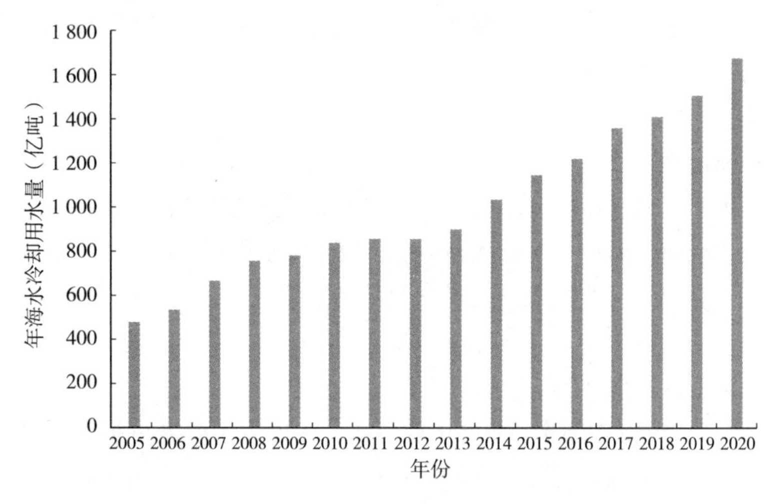

图3-2　全国海水冷却用水量增长图

① 李亚红．海水循环冷却在中国的发展研究［J］．盐业与化工，2016，45（6）：9-13.

（三）海水源热泵

近年来，随着绿色发展理念的不断深入，企业为贯彻落实中央政策，不断寻求高效、清洁的节能新技术，如海水源热泵等技术。海水源热泵属于对浅层海水直接利用的开发作业之一，该技术运用热泵原理，通过海水吸收的太阳能和地热能聚集成低温低位热能资源，再将低位热能转移至高位热能。该技术是一种低碳节能技术，其运用不仅大幅度降低了原本对化石能源的需求量，也极大地减少了燃料燃烧时产生的废料，在节约能源的同时达到了绿色环保的目的①。海水源热泵机组的基本工作原理是利用海水作为中介源，通过压缩机效能将海水中的热能于冬季给建筑物取暖，而在夏季实现反向导出，从而有效调节室内温度（图 3－3）。海水源热泵的效用范围可达几千平方米，且其系统的安装过程较为简便快捷，因此该技术也广泛应用于我国的海上建筑。其在夏季可提供冷气，在冬季供暖，并提供热水以改善工作人员的工作环

图 3－3　海水源热泵技术

① 郭汇江．海水源热泵技术海上设施应用概述［J］．节能，2020，39（12）：108－109.

境。在 2008 年，青岛国际奥帆中心使用了海水源热泵空调系统为奥运会场地提供冷暖气，其相对于以往传统的空调运行系统，耗能更低，因此兼具良好的社会效应与经济效应[①]，加上其绿色环保的运作模式有效地减少了对海洋生态环境的污染。

（四）海水烟气脱硫

海水也是纯天然的脱硫材料，海水烟气脱硫工艺利用海水吸收烟气中二氧化硫成分以达到湿法脱硫的目的。由于海水脱硫具有投资省、能耗低和操作维护简单等优点，已被认为是解决燃煤发电厂二氧化硫污染问题最为有效的措施之一（图 3－4）。海水烟气脱硫的设想最早由美国加州伯克利大学 Bromley A 提出，紧接着该工艺在挪威被广泛应用于靠海的炼铝厂、炼油厂等工业炉窑的烟气脱硫。1981 年美国在关岛进行相关试验成功后，海水脱硫技术在火电厂应用广泛展开。其后，印度塔塔电力公司在完成了工业性试验后将该技术投入到商业运行中，海水脱

图 3－4　海水烟气脱硫

① 李汉林，梁宗楠．近海浅滩海水源热泵应用可行性分析［J］．科技风，2017（15）：133.

硫工艺在电厂中的应用也取得了迅速发展。Flakt-Hydro 工艺是塔塔电力建造的第一座火电厂海水烟气脱硫装置采用的技术，该工艺也被运用到我国深圳西部电厂的首个海水脱硫装置中。随着我国科技实力的不断提升，海水脱硫技术水平也不断提升优化，当前我国已经成为拥有全球大型海水脱硫装置技术的国家之一。

（五）采油废水回注

我国海洋开发作业还包括石油开采。石油开采过程中则面临着采油平台寿命短、采油风险高的问题，因此必须采用海洋注水的办法对石油进行开采[①]，但是采出的石油含水量一般超过70%，甚至更高，这会形成采油污水，造成较大的污染，严重破坏海洋生态环境，不符合可持续发展理念，因此需要对采油产生的污水进行处理并回注，从而节约水源，控制海洋污染，并为油田带来经济效益。采油废水是在油田开采过程中伴随原油同时采出的地层水，因此也叫油田采出水。油田采出水因为各处的地层情况不同以及采油过程各异，导致其含量较为复杂，通常情况下无法直接进行排放或是回注。原油在被脱水处理后所得到的废水中包含少量的油、硫化物、有机酚和处理过程中添加的破乳剂、杀菌剂等化学成分[②]，因此对于采油废水的净化有一定的难度。目前我国油田回注水处理设备包括自然沉降罐、粗粒化罐、水力旋流器等，这些装置可以有效滤除废水中的石油和一些悬浮物质。当前大部分油田采用隔油除油—混凝或沉淀（或气浮）—过滤三段处理工艺，再辅以阻垢、缓蚀、杀菌、

① 张子文，谢希勇，时文祥，等．海上油田采油污水回注处理技术及工艺探讨[J]．价值工程，2019，38（5）：106－108.

② 王振东，霍洪涛，梁斌．自动节能润滑器的研制与应用[J]．化工管理，2019（8）：2.

膜处理或生化法处理等[①]。当下我国重视使用膜法来对采出水进行处理，油水分离工艺在油田的回注水处理中成为将来的重点发展方向（图 3-5）。

图 3-5 海洋油田采油回注水处理项目

二、海水浴场

（一）海水浴场的功能转变

海水浴场作为陆地与海洋之间的天然通道，一面连接陆地，一面伸向海洋，在成为都市人的理想休闲场所之前，只是濒海渔民进行设网捕鱼的场所。随着海水浴场的建立，海滩的基础功能发生了转变，其逐渐脱离了原本的自然功能，演变成为复杂的公共空间。作为一种大众生活方式，海水浴始于 19 世纪的欧洲，是闲暇消费和现代休假制度的结果。在欧洲，从 18 世纪末开始，在海滩上度过愉快假期的休闲模式逐渐开始流行，海水浴场也随

① 董良飞，张志杰．采油废水回注处理技术的现状及展望［J］．长安大学学报（建筑与环境科学版），2003（1）：43-48，64.

着殖民扩张带来的效应遍布全球各地，海滩开始承担起塑造都市生活空间的现代功能[①]（图 3-6）。

图 3-6 汇泉浴场

（二）世界著名海水浴场

全球较为闻名的几大海水浴场主要有澳大利亚黄金海岸（图 3-7）、牙买加尼格瑞尔海滩、墨西哥的坎克恩海滩等，这些各具特色的海滩成为了游泳、冲浪、聚会的绝佳之地。例如位于澳大利亚的东部沿海的黄金海岸由数十个优质沙滩组合而成，且海岸长达 42 千米。黄金海岸属于亚热带季风气候，四季均有阳光照射，湿度合适，并且海岸滩平坡缓，沙质细软，非常适合冲浪等海上娱乐活动，全年均适合游客进行度假休闲，因此吸引了众多游客前往。

（三）我国海水浴场

我国位于亚欧大陆东部，太平洋西岸，我国东部边缘与太平洋相接从北向南依次有渤海、黄海、东海和南海四大海域。有 11 个沿海省、直辖市，拥有超过 23 000 千米的大陆岸线，南北

① 马树华．海水浴场与民国时期青岛的城市生活［J］．史学月刊，2011（5）：93-99.

图 3-7 澳大利亚黄金海岸

跨越20个地理纬度，港湾众多，我国海岸线漫长并且纬度跨度大，大陆众多大江大河携带大量的泥沙东流入海，影响着岸滩的发育，这就决定了我国漫长的海岸带地区自然环境类型多样，地质地貌、生物资源、滨海景观等丰富多彩。我国的海水浴场众多，广泛分布在我国11个沿海省市区。海水浴场具有较强的地域性，在景观和气候上也有较大差异，南北方海水浴场的适游期可以做到互补。根据国家海洋预报中心对中国大陆海水浴场环境监测的分区，一般将海水浴场分为北方浴场区和南方浴场区，其中辽宁、河北、天津、山东、江苏、上海和浙江为北方浴场区，北方浴场区处于暖温带和亚热带中北部，夏季炎热，冬季相对寒冷，降水集中在夏季，适游期主要为夏秋季节；福建、广东、广西和海南为南方浴场区，南方浴场区主要位于热带和亚热带，适游期较长。国内较有代表性的海水浴场主要有大连金石滩浴场

(图 3-8)、秦皇岛老虎石浴场、威海国际海水浴场、厦门鼓浪屿、深圳梅沙和三亚亚龙湾浴场等[①]。

图 3-8　大连金石滩浴场

(四) 海水浴场的功效

海水浴场的一大亮点就是海水浴带来的功效。海水中富含各种化学元素及矿物催化剂，当海水和人体的皮肤接触的时候，可以起到杀菌的作用，此时就能很好地治疗各类皮肤病。同时能够改善新陈代谢，协调内分泌器官的活动。海水中还含有大量的生物刺激剂以促进内分泌活动。海水中含有的物质以结晶体状态渗入皮肤，可使得皮肤变得更有弹性、光滑。波澜起伏的海水冲击身体的时候，还可以起到按摩的作用，刺激皮肤上的生物活性点，加快血液流通。此外，海滨地带空气新鲜，在此地进行游泳，不仅能强身健体，还能呼吸更多的氧气，增强肺活量，尤其海风中附带的负氧离子，可以有效激发身体活力。在这种环境

① 段佳豪．中国海水浴场资源质量评价研究［D］．天津：天津师范大学，2018.

下，海水浴也能放松身心，消除疲劳，减轻压力。

（五）滨海旅游业发展

我国的滨海旅游业相比西方国家起步较晚，但随着国家总体经济水平的快速提高，人们对于休闲旅游类的娱乐活动的需求逐步增大，滨海旅游业作为旅游业的重要组成部分，凭借其旅游体验的独特性和旅游资源的区域性，发展尤为迅速。中国政府非常重视滨海旅游业的发展，国务院发布的《“十三五”旅游业发展规划》在第三章第二节“产品创新扩大旅游新供给”中明确提出要“大力发展海洋及滨水旅游”。滨海旅游日益成为旅游消费的新热点。目前以海水浴场为依托已形成包括海洋观光游览、休闲娱乐、度假住宿、体育活动等多方位的旅游项目体系。滨海旅游业态十分丰富，公共海滩、海边度假民宿、海边夜市等均是当下较为热门的经营项目。国内庞大的人口规模制造了市场经营优势，随着人们对于休闲生活品质的需求提高，这无疑为滨海旅游业的发展创造了有利条件。

三、浅海水产养殖

（一）海水养殖

海水养殖是利用沿海的浅海滩涂养殖海洋水生经济动植物的一种生产活动。其主要对象为鱼虾贝类、藻类等具有经济价值的海洋生物。我国具有较为长远的水产养殖史，牡蛎的养殖就始于汉代，到了宋代，宋人研究出了对于珍珠进行人工养殖的方法。近代之后，我国的水产养殖业更是迎来了发展的好时机，包括紫菜、海带、贝类等海洋水产的养殖成效比较突出，很好地提升了沿海城市的水产养殖经济效益，为沿海经济带提供了新的增长点。

（二）海水养殖分类

海水养殖按照空间分布分类主要包括浅海养殖、滩涂养殖、港湾养殖等。浅海养殖指在具备养殖水产条件的浅层海水里对海洋经济生物进行培育养殖，以达到生产目的。浅海养殖主要分为以下三类：筏式养殖、浅海底播养殖以及网箱养殖（图 3－9）。前两种方式的主要对象以贝藻类水产为主。因为海水中原本存在的浮游生物能够为养殖对象提供充足的营养成分，所以两者都利用海水作为主要饵料，充分利用了海洋资源。大多情况下无需进行饲料与药物的使用，这两种方式的养殖成本较低。前者的一次性投入较大，但养殖对象生长周期短，生产繁殖速度快，具有较高的经济价值。而网箱养殖的主要养殖对象是类似于大黄鱼、石斑鱼等具有较高经济效益的海洋品种。网箱养殖尤其是深水网箱虽然所需投入较大，但是产品的经济效益高，且产量巨大，往往给养殖者带来较高的利润水平。筏式与海水网箱养殖对于养殖管理技术的要求较为严格，而底播养殖技术要求相对较低。

图 3－9　网箱养殖

海水养殖根据养殖对象进行分类则可分为鱼类、虾类、贝类、藻类和海珍品等，其中以贝类、藻类海水养殖发展较快；虾类、鱼类、海珍品养殖发展较薄弱（表 3－1）。

表 3-1　海水养殖品种

养殖大类	养殖品种
鱼类	鲈鱼、鲆鱼、大黄鱼、军曹鱼、鰤鱼、鲷鱼、美国红鱼、河鲀、石斑鱼、鲽鱼
甲壳类	南美白对虾、斑节对虾、中国对虾、日本对虾、梭子蟹、青蟹
贝类	牡蛎、鲍、螺、虾、贻贝、江珧、扇贝、蛤、蛏
藻类	海带、裙带菜、紫菜等
其他	海参、海胆、海水珍珠、海蜇

海水养殖按养殖方式分为单养、混养和间养等。20 世纪 80 年代，烟台在其沿海一带进行大范围试点贝藻间养，结果得出混养相对于单养会给海带与扇贝养殖同时带来更高的经济生态效益。因此单类养殖的方法逐步被淘汰，取而代之的则是贝藻间的混合养殖。贝藻混养的养殖模式目前在国内发展状况良好。例如在海南省三亚地区对合浦珠母贝和异枝麒麟菜进行了混合养殖的试验，发现被混养的海藻长势比对照组更优，与此同时笼养珠母贝也呈现出相同结果。我国对于各个种类海水养殖产品的养殖方式一直在不断深入研究，并在此基础上进行动态优化（图 3-10）。

图 3-10　中国科学院南海海洋研究所贝类养殖实验基地

（三）我国海水养殖情况

我国海水养殖的技术水平、养殖规模、生产总量在全球始终位居前列。我国沿海城市对于水产养殖具有较为悠久历史和丰富的经验，如珍珠贝养殖最先始于中国，而合浦、北海以及东兴则联合被冠上了“珍珠故乡”的称号。当前放眼全球的海水养殖产业，仍潜藏着较大的发展潜力，包括港湾、海涂等在内的领域都能够用于人工养殖海产品。20 世纪 70 年代以来，因传统近海渔业资源出现衰退，许多沿海国家相继宣布实施 200 海里经济区和专属渔区，这也促成了海水养殖业在全球范围内的快速发展，尤其以日、俄、美、挪等国更为突出。但当时我国的海水养殖业仍处于起步阶段，因此产量不及上述国家。近几十年来，中国海水养殖业取得显著成绩，1990 年海水养殖业总产量超过 300 万吨，2008 年总产量翻了两番以上，达到了全球海水养殖总量的三分之二。2021 年《中国渔业统计年鉴》显示，2020 年我国渔业产值中，海水养殖产值高达 3 836 亿元，养殖面积达 199.555 万公顷。我国海水养殖业的大发展主要得益于浅海贝类和藻类养殖的兴起，2020 年我国贝类产量高达1 480.08 万吨，占总产量的近 70%，而藻类产量 261.51 万吨，占比位居第二。二者的产量之和占据了整个海水养殖产品总量的 80%。我国海水养殖业在除了贝藻类以外的养殖上仍然具有较大的发展余地。

第二节　海水淡化

海水淡化是从盐水中去除矿物质成分的过程。一般地说，脱盐是指从目标物质中去除盐分和矿物质。海水被淡化后可以生产适合人类饮用或灌溉的水。海水淡化过程的副产品是盐水。许多海船和潜艇都使用淡化海水，现代海水淡化的主要任务以具有成本效益的方式提供人类使用的淡水。

一、冷凝用水

（一）海水淡化现状

目前世界每日的海水淡化产量可达到 3 500 万立方米，并有将近八成用于人类饮用，这些水量意味着相当于全球约 1/50 的人口依靠海水淡化来获得饮用水。海水淡化工厂遍布世界，目前一共有 1.3 万座淡化厂。而海水淡化作为增加淡水资源的技术工程，在可利用水资源紧缺的情况下受到了众多国家的关注与重视。海水淡化的工程需要耗费大量的能量，因此对于一些经济状况并不佳的国家来说因无法进行规模生产，往往最终收获的经济效益也并不理想。而反观一些能够为海水淡化技术提供大量能源的国家如沙特阿拉伯，该国的总体海水淡化能力可以达到全球总量的五成。当地的杰贝勒阿里海水淡化厂二期则是目前全世界规模第一的海水淡化厂，该厂能够制造年均约 3 亿立方米的淡水资源，十分可观。

（二）海水淡化技术

关于进行海水淡化的技术研发依旧如火如荼，已有约20 多种高效的淡化技术，包括反渗透法、多级闪蒸法、电渗析法等，其中也涵盖了微滤、超滤、纳米滤在内的一些工艺技术。在众多技术中，海水淡化技术主要可分为蒸馏法与热法（图 3 - 11）两个门类。而细类中的低多效蒸馏法、多级闪蒸法以及反渗透膜法则是目前全球海水淡化的主流技术。其中低多效蒸馏法耗能较低，且对海水预处理的要求不严苛，其生产出来的淡化水品质较高；而多级闪蒸法的操作技术更为成熟，且单位淡水的产量较高，唯一不足就是该项技术能耗偏高；反渗透膜法所需投资金额较少且能耗低，因此具有可规模化利用的潜能，但其仍旧面临着对原海水进行预处理过程较为复杂的问题。综上分析，当下将低多效蒸馏法进行规模推广，深入研究反渗透膜法解决海水预处理的问题则是海水淡化技术未来的发展方向。

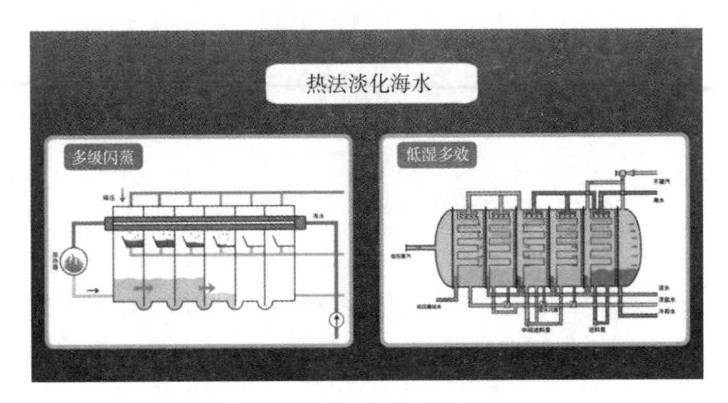

图 3-11　热法淡化海水

人类第一次通过加热蒸馏海水获取淡水的具体时间不得而知，但有关利用蒸馏的方式对海水进行脱盐的记载距今已有两千多年。Reid 于 1953 年第一次提出将反渗透理论应用于海水淡化，Loeb 与 Sourirajin 于 1960 年首次成功研制了可以应用于海水淡化的反渗透膜，这标志着膜法海水淡化的开始。一般来讲，不论是蒸馏法还是反渗透法所产淡化水均具有矿物质含量少、轻微腐蚀性和偏酸性的特点。海水淡化水具有轻微腐蚀性，如处理不当容易造成管道和设备腐蚀。淡化水中的钙、镁离子浓度较低，蒸馏法生产的淡水中钙、镁含量更低，几乎接近于零。

目前对于淡化技术的发展方向主要集中在提升所生产的淡水的水质以及提高单位产量，以及通过降低海水淡化所需要的成本来提升经济效益。在上文所叙述的众多海水淡化技术中，以多级闪蒸法作为“热法”的主要代表，而反渗透法则是“膜法”的代表，这两种技术的使用规模达到了世界海水淡化总量的九成。即使海水淡化的技术水平与规模生产已经达到了较高的水平，但是关于其技术水平的提升和产业革新的步伐始终在向前迈进。关于膜蒸馏技术，最早可追溯到 20 世纪 60 年代 Weyl 在专利中对于该工艺的叙述，不过由于当时的膜蒸馏技术较为落后，也并未进行量化生产淡水。之后在20世纪80年代，卡尔森通过第一届世界脱盐与水再利用会议上运用其实验结果对膜蒸馏技术进行可靠论证，使该技术被大部分学者认可。随后90年代，罗森等人在直接接触膜蒸馏的试验中达到了让蒸馏通量反超同期反渗透通量的结果，这也推动了膜蒸馏技术的进一步发展，使其被社会更广泛地接受。膜蒸馏技术在之后的几十年内迅速发展，技术水平稳步提升，当前已经进入了海水淡化领域的商业化规模化应用。

除了一些国外知名的科技公司，我国的天津海之凰、洁海瑞泉等科技公司都十分青睐该技术，并加大投资以扩大运用膜蒸馏进行海水淡化的工业规模。我国的膜蒸馏技术起步相对于西方国家来说更迟，但是能够站在别人的肩膀上吸取前人的技术经验，这也成为我国膜蒸馏技术走在前列的原因之一。膜蒸馏在众多同类海水淡化技术中脱颖而出的原因是，在膜不被破坏的前提下达到了100%的截留率，这是别的方法都无法比拟的。通过将低品位热能的运用和膜蒸馏技术融合可以有效控制工程的成本。与此同时，膜蒸馏技术通过在蒸馏法的基础上融合膜的结构以防止淡化过程中的海水飞沫等杂质混进所得淡水中，从而保证了淡水的品质①（图3-12）。

（三）海水淡化的应用

海水在经过淡化加工之后得到的淡水往往具有较高的纯度以及洁净的品质。这些淡水一部分直接进入城市系统中，为人们提供日常生活所需用水，一部分则作为一些海岛或是其他海上平台的生产用水。尤其是在大部分的海湾国家，其本身具有优越的海洋资源，因此当地往往会在建立海水淡化厂和优化配套供水管网

---

① 郑涛杰，陈志莉，杨毅．膜蒸馏技术应用于海水淡化的技术分析与研究进展[J]．重庆大学学报（自然科学版），2017，40（12）：8.

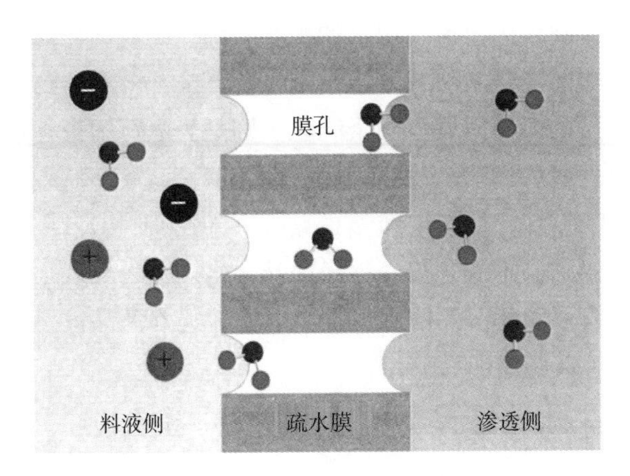

图 3-12　膜蒸馏原理示意图

的体系建设中投入较多资本，并且不断深化对海水淡化技术的研发，以此来弥补传统的水资源不足的问题。上文中提到的沙特阿拉伯就是当今世界上海水淡化产量位居第一、人均淡水拥有量最多的国家。而在坐拥全球约 10％石油的科威特，更是夸张到全国饮用水基本均来自于海洋淡化水。大部分的海湾国家均通过出台一系列海水淡化推广的配套政策措施，将淡化后的水资源引入工业、市政部门等多个领域加以应用①。

放眼全球，海水淡化所得的水资源成为人们日常生活、生产用水的趋势逐渐加强，在当下各地水资源普遍紧缺的时代，海洋淡化水也逐渐被社会大众所接受与认可，这无疑是解决水资源不足的一大重要法宝。随着海水淡化生产工艺逐渐成熟与完善，对影响淡化品质的多方面因素均能够通过相应的措施进行把控和处理，使得淡化水的品质能够达到市政用水的标准②，淡化水也俨

① 陈周蕾，陈亦云．海水淡化产品水的水质特性及用途分析［J］．门窗，2019（9）：168-169.

② 葛云红，李炎，安子韩，等．海水淡化水可饮用性分析［J］．盐科学与化工，2021，50（2）：4.

然成为部分缺水国家市政用水的重要来源。而我国目前还未把海水处理过后的淡化水引入城市供水系统，大部分补给到一些淡水资源不充足的海岛区域，剩余淡化水则是为电厂锅炉补水。截至2020年底，我国现有海水淡化工程135个，工程规模达到了1 651 083吨/日。且当年新增的海水淡化工程均使用反渗透技术。当我国的海水淡化技术逐步提升、水产品后处理工艺不断完善，以及海水淡化工厂的规模扩大后，淡化水产品被引入城市的供水系统也将指日可待。

二、制碱用水

（一）纯碱

碳酸钠又叫“纯碱”，但分类属于盐，不属于碱。其作为常见的化工原料，还经常用于食品生产，碳酸钠可充当食品制造过程中的还原剂以及馒头的改良剂，应用于碳水化合物、面制品等的制成过程中。而相比食品制造行业，玻璃工业则是碳酸钠的主要应用领域，一般情况一吨玻璃所需要用到的纯碱将近达到0.2吨。除此之外，碳酸钠还在钢铁锻造工业、制革工业以及印染工业等多个行业中发挥着重要作用。因此在工业生产上对纯碱的需求有较高的要求，制碱工业的发展至关重要。

（二）世界制碱工业发展史

按制碱工业的发展历程，并将其生产方法纳入考虑范围，可大致将制碱的方法分为以下四种：天然制碱法、路布兰制碱法（图3－13）、索尔维制碱法、侯氏制碱法。制碱历史最早可追溯到古代。当时古人在对一些海藻在太阳下进行晾晒后，海藻燃烧灰烬中就包括了大量碱类物质，随后通过热水的浸润、过滤等多个简单步骤就可以得到含碱溶液，该溶液具有一定的清洁作用，可以用于洗涤物品。自然界中存在的天然碱主要来源于矿物质，而这些矿物质主要埋藏于地下或是存在于碱水湖中，目前以埋藏在沉积层中的碱矿品位最佳，且其分布范围十分广阔。

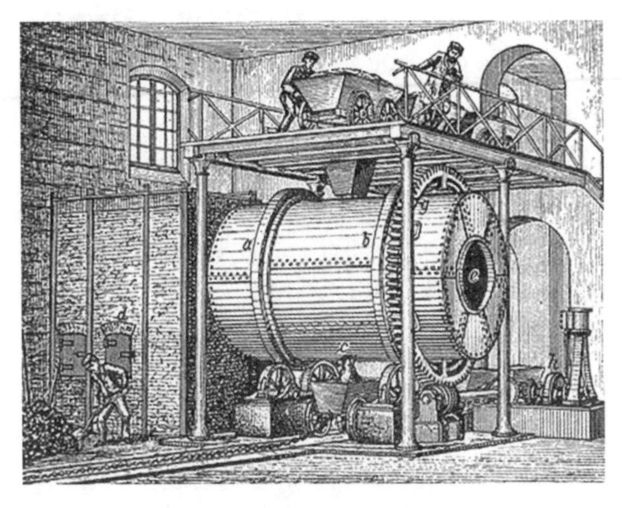

图 3-13　路布兰的纯碱工厂

制碱工业始于 18 世纪末，当时法国的路布兰使用了芒硝、石灰石以及煤为主要原料，在高温条件下进行还原与碳酸化的实验，最终得到了黑灰，也就是包含了一些杂质的碳酸钠粗制品。随后再经过一系列后续提纯操作后，提炼出了纯度高达 97%的纯碱，这也成为了制碱史上首次采用的人工制碱法。19 世纪 60 年代，比利时的欧内斯特也曾申请过制造纯碱的专利，后因为技术的保密性而未进行大规模推广。直到 20 世纪 20 年代才在美国有了技术性的突破，而我国化工领域的专家侯德榜先生也在此后编纂了《纯碱制造》，其中将曾经秘密保存了 70 年的索尔维法公开发布。侯德榜随后还创造了现在家喻户晓的侯氏制碱法。伴随着侯氏制碱法在工业领域的推广与应用，大连化工厂于 1952 年建立了联合制碱车间进行规模制碱，制碱的装置也逐步趋向于机械化与自动化。中国、美国和土耳其是目前全球主要的纯碱生产国。我国的纯碱产能始终保持着稳步上涨的趋势，2021 年纯碱产能虽受到疫情影响，但是仍然达到了 3 258 万吨。美国与土耳其因其纯碱主要由自然界的碱矿石加工而成，这相比于化学合成纯碱的制造成本更低，这也促成了它们成为了世界范围内主要的纯碱输出国①。

（三）我国制碱工业发展史

关于国内制碱工业的发展，新中国成立之初仅设有两家纯碱制造厂。随后到了 20 世纪 50 年代，在对原有制碱厂规模扩张与改造的基础上，先后建立起了三个中型制碱厂以及一些小型制碱厂。1985 年中国大陆的纯碱产量达到了 2 吨，仅次于美苏两大制碱强国。当时国内的主流制碱法主要是侯氏制碱法和索尔维法，当时使用侯氏制碱法（图 3－14）所制的纯碱产量占据了总体的 45%，农用的氯化铵产量位居全球首位。随着我国国民经济发展的需要，为使纯碱产量满足要求，我国加快了建设新的制碱厂的步伐，并且让一些制碱厂和小型的氨厂合并改制成新型的联合制碱工厂。我国的纯碱工业凭借着扎实的科学理论与经验，不断向前发展，现已成为了一个名副其实的制碱强国。自 2003 年以来，我国的纯碱产量首超美国，并逐年攀升，2010 年成功

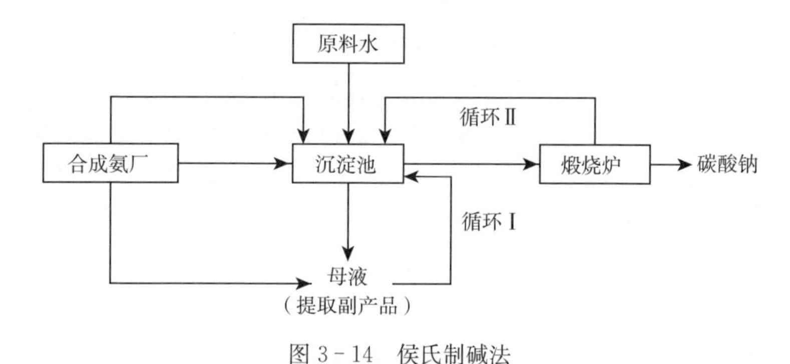

图 3－14　侯氏制碱法

① 张晨鼎，张向宁．美国纯碱工业近况［J］．纯碱工业，2020（6）：2.

跃居全球产量第一大国，纯碱产量已达到 2 029.3 万吨，2021 年我国纯碱产量达到 2 913.3 万吨，同比上年增长了 3.4%。因为纯碱工业的快速高质量发展，我国的部分海洋化工产品的产量也有了大幅提升。

我国纯碱工业技术装备相对先进。自主研究开发的先进技术设备主要包括：变换气制碱工艺、自然循环外冷式碳化塔等①。例如目前作为新一代制碱工艺的新型变换气制碱法运用了低温制碱理论，在提升重碱结晶纯度的同时做到了设备运行过程中单塔作业、不串塔以及长周期运行的三大目标，这也为后续提升纯碱品质奠定了基础。新型变换气制碱法具有节能、节水等特征，除此之外该工艺全程封闭循环，这也让制碱过程中产生的废水在经过蒸氨后可直接被循环利用，这些都是传统制碱工艺所不具备的优势（图 3-15）。

图 3-15　现代制碱工厂

2015 年国内首次在浓海水精致化盐制碱的项目中引入了超滤膜技术，实现了浓海水在制碱领域的直接利用。这个项目的创

① 王钰，温倩，尚建壮，等．传统化工行业“十三五”回顾和“十四五”发展展望（一）[J]．化学工业，2020，38（4）：12.

新应用为海水膜法淡化关键设备国产化率带来了提升，从而推动了我国浓海水综合利用技术水平的提高，至此也打断了其他国家对我国在超滤膜产品上的垄断。目前我国大型纯碱企业设备大型化比较普及，由于资金有保障，国产和引进技术消化较快，接近了世界先进水平。

三、灌溉用水

（一）海水灌溉农业

海水灌溉农业一般是指在沿海盐碱荒滩地和盐碱地上，种植能用海水浇灌的耐盐作物的农业。由于其为社会与生态带来巨大的效益，因此近年来各国都逐渐重视海水灌溉农业的研究与发展。科研人员试图对盐土植物进行培育，通过对盐碱土壤进行改良和对海水进行淡化这两个方法来发展海水灌溉农业。目前作为现代农业分支的海水灌溉农业将对新时代我国沿海城市的农业现代化建设带来新的方向。

（二）世界海水灌溉农业发展史

海水灌溉农业的概念最早是由以色列生态学者 Hugo Boyko 与园艺学者 Elisabeth Boyko 于 1949 年提出的，当时海水灌溉农业被称为“盐水农业”。两位学者在埃拉特使用海水与淡水进行混合，在沙土上进行植物浇灌。而海水灌溉农业的重点发展内容就是培育出耐盐性强的植物品种，并且该品种能够带来较为可观的经济效益。在世界各地科研人员不断深入研究的基础上，海水灌溉农业在 20 世纪 90 年代获得了突破性进展。美国 Arizona 大学与以色列 Neger 大学 NovPasternak 研究室合作，耗费了将近 20 年在2 000 多种备选的盐土植物样本中，研发出了 12 种具有后续开发价值的种类，其中海蓬子表现最为突出，其在被驯化后可耐 5%的氯化钠。海蓬子目前也是全球海水灌溉农业发展的首选植物，在多国都获得了成功的培育案例。除此之外，以色列还运用了远缘杂交的方式驯化出了耐盐番茄品系。在配套基础设施方面，该国已经建立了多处利用海水进行浇灌的工厂。意大利则是利用海水对白菜、甜菜等作物进行灌溉，促使这几类作物的含糖量提升。以上所列举的各类作物均是利用现有的耐盐或盐土植物，通过驯化提高其抗盐性，而后再进行筛优去劣，从而选育出来的优良耐盐品种[①]。

（三）我国海水灌溉农业发展史

海水灌溉技术的发展能够有助于提升抗盐植物的种植技术，这对于绿化荒滩、聚碳固碳、调节气候等均具有重要意义。我国自 20 世纪 60 年代就开启了关于海水灌溉农作物的研究。仲崇信教授先后从英国与美国分别引进了大米草和互花米草，该两种耐盐植物在保滩护堤、绿化海滩以及改善土壤等方面具有一定作用。从培育出优良的碱蓬品种到建立数百亩的盐土植物园进行品种驯化，再到运用生物工程技术将耐盐作物品系培育续代，我国的海水灌溉农业不断地向前发展。在国家“十三五”规划中也提到了探索海水用于耐盐作物培育等多种用途的产业化利用模式，以此来实现循环发展并开展浓海水排放对环境影响的研究。

（四）我国海水稻研究现状

我国在海水稻的培育方面始终走在世界前列。海水稻作为我国海水灌溉农业发展的主要作物之一，具有抗盐碱，抗涝能力，能抵抗盐碱地和滩涂地的伤害。海水稻种植过程中可以达到防风消浪、促淤保滩、净化海水与空气的功效。2017 年青岛海水稻研究发展中心选取了 11 个优质的耐盐碱品种进行海水灌溉规模试验，这也成为了我国第一代海水稻试种的优秀范例。2021 年袁隆平海水稻团队正式启动了海水稻的产业推广以及商业运营，

---

① 陈红新．盐土农业激发农业更多可能性［J］．蔬菜，2020（1）：7.

计划在八到十年内实现1亿亩[①]盐碱地的改造整治，从而完成“亿亩荒滩变良田”的理想目标（图3-16）。

图3-16　海水稻

（五）灌溉海水的淡化技术

目前全世界关于耐盐作物的研究主要包含以下两个方面：其一是利用生物技术对淡水植物进行基因序列的改造，使其逐步培育成耐盐植物的品种。其二是筛选一些具有一定经济价值的耐盐碱野生植物，通过人工培育驯化后使其能够与产业化经营的生产要求相匹配，综合考量下第二种方法更适合推行[②]。而关于应用灌溉的海水淡化方法，上文已有论述，一般采用蒸馏法与膜法两大类淡化技术，这些技术也已基本实现商业化。

而在国外也有进行灌溉海水淡化处理的案例。澳大利亚科研人员曾试图建立一个“气泡温室”模型，该模型的目标旨在为偏远的干旱地区提供一种技术难度与运维费用双低的海水淡化技术，将淡化后的海水直接灌溉作物。这种装置一方面将海水蒸发

① 亩为非法定计量单位，1亩≈667平方米，下同。

② 王霞，王金满．海水灌溉农业发展状况及其前景［J］．新疆农垦经济，2003(6)：48-51.

冷凝形成淡水进行作物灌溉，另一方面也制造了一个适宜作物生长的温室环境。“气泡温室”蒸发器与冷凝器的分离设计，让其能够在运行温度较高的情况下制造大量的水蒸气，不仅加快了海水淡化的过程，也提高了淡化效率，同时淡化过程中的泡沫能够有效防止盐分堆积，进而降低整个系统的运行维护费用。

第三节　海水化学资源利用

海水的成分非常复杂，还含有大量化学元素，是地球上最大的化学资源库。海水化学资源利用是指从海水中提取各种化学元素及其深加工利用的统称。对于海洋化学资源的持续利用是人类生存发展的重要前提。

一、海水中的主要元素

（一）海水中的镁元素

众所周知，海水中含有大量氯元素以及钠元素，还有许多其他的化学元素如图 3－17，因此除了能够制盐之外，其中包含的化学成分还可用于制造溴素、氯化钾、氯化镁等化学药品，目前这些产品的国内生产企业主要分布于天津、河北、山东等海洋资源丰富的沿海城市。海洋生物圈中蕴藏着许多对人类有用的有机活性物质，这是一个人类尚未完全知晓但却一直以来都备受科学界关注的天然有机物资源化的重要领域。

海水中化学元素主要有 11 种，这些化学元素的总和占据了海水所有溶解物的大约 99.9％，其中就包括了镁、钾等元素，这些元素的化学性质普遍较为稳定，同时这些溶解成分的组分也有相似的恒比关系。

海水中的镁元素主要以氯化镁和硫化镁的形式存在。单位海水中镁元素含量一般情况下约是 1.28 毫克/升，而其总储量大致

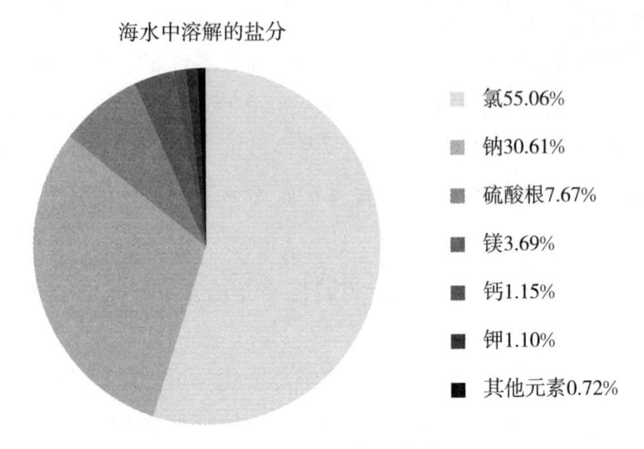

图 3-17　海水的成分

能够达到 2×10^{15} 吨之多。镁冶炼厂每日从海水中提取的镁量能够达到 100 吨，同时每日至少需要耗费 7.8×10^{5} 吨海水。从海水中提取镁及镁化物的历史由来已久。像美国与英国这一类陆地上镁矿资源贫瘠的国家一般都建有规模较庞大的海水提镁厂。海水提镁主要是从海水中制取金属镁、高纯镁砂以及氢氧化镁等一系列镁盐及其镁化物。镁和镁化物是海洋化工产品中的主要产品。镁及镁化物作为一种新型的材料，被广泛应用于石化、冶金、环保、建材等领域。

（二）海水制镁技术

国外较早地运用了沉淀法从海水中制取镁元素（图 3-18），目前已经形成了较为稳定且庞大的产业规模。国内对于海水中镁元素的开发利用起步较晚，早期只局限于利用海盐苦卤来提取氯化镁、硫酸镁。而从整个镁资源的开发趋势来看，功能性镁化物的开发越来越受到重视。“十一五”期间，我国建立了万吨级浓海水制取膏状氢氧化镁示范装置，推进了海水钙法低成本制备高质量氢氧化镁的产业化，相继开展了超重力法制备纳米氢氧化镁的千吨级中试技术研究，以淡化后的浓海水为原料制备纳米氢氧化镁的工艺研究，我国在利用浓海水制取氢氧化镁的产业化核心技术与装备领域中获得了较大进展。除此之外，我国还通过利用超临界技术、“假象”技术制备了具有不同形貌特征、多种类晶型镁化物晶须。据2020年主要有色金属表观消费需求及产量预测，镁金属一改往常，被列入了五大主要品种之一，而国家曾预测的“十三五”年均增长率最高的金属品种也有镁，增长率为7.1%。镁冶炼技术被“十三五”列入了绿色发展工程中。

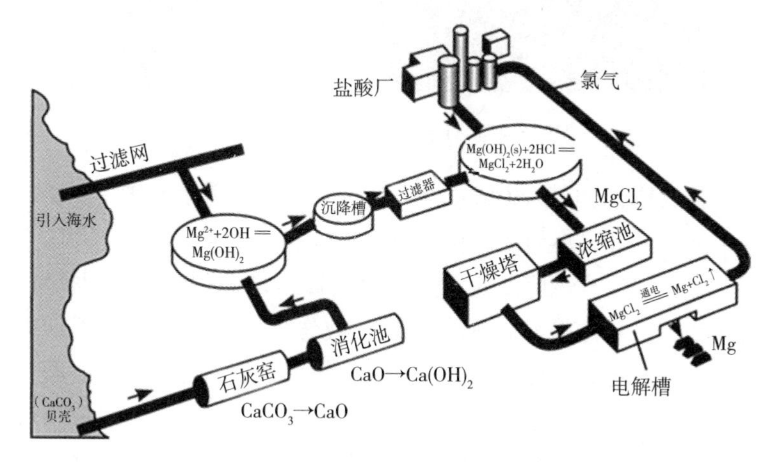

图3-18　海水中提取镁的工业流程

（三）镁元素的应用

铝合金的主要制作原料就是镁，镁作为合金元素不仅能够增强铝的机械强度，同时也能强化合金的耐碱腐蚀性。因此在汽车、航天等行业中，通过使用镁来代替部分铝，能够大幅减轻装备的质量（图3-19）。与此同时镁、钛、锆、铪等一系列重金属的热还原剂及一些复杂有机化合物的重要组成部分，可用作保护化工储槽罐、地下管道及船体等阴极部分的阳极材料。当下随着新能源的不断发展，镁基复合材料作为一种具有潜力的新型储能材料，或将成为超越锂电池材料的存在。

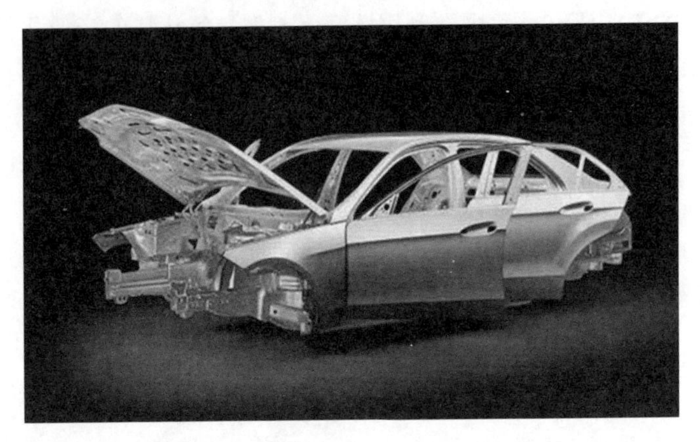

图 3-19　镁合金在汽车行业的应用

作为镁盐之一的硫酸镁在各行业领域发挥着重要作用。硫酸镁溶液通过和轻烧粉融合反应可制成硫氧镁水泥，被应用到防火门芯板、硅质改性保温板以及防火板等建筑领域。在医药领域，硫酸镁则是治疗惊厥、尿毒症以及破伤风等病症的医用试剂原料；其同时也具有良好的导泻功能，还可用于治疗胆囊炎、胆石症，用作消化道造影、消炎祛肿等。在工业上，其被广泛应用于造纸、印染以及铅酸蓄电池等较多领域。农业方面，硫酸镁是对镁元素欠缺的土壤进行改良的优质肥料，同时饲料级别的硫酸镁还是对牲畜进行镁补充的试剂。

氯化镁不仅可以用作道路化冰融雪剂，也可应用于挖掘场所、马场等对空气中的粉尘进行控制。氯化镁还可作为氢的储藏溶液以及制作防冻剂的原材料等。在食品行业，氯化镁的用途也十分广泛，既可作为豆腐凝固剂、除水剂、矿物质强化剂，也能成为营养强化剂。在医药方面，氯化镁是胃癌药物、肾透析药物和浴盐的原料之一，并且对哺乳动物有一定的麻醉和镇定作用。

氢氧化镁是一类具有综合应用的碱性物质，其可用于镁盐的生产、制药工业、日用化工等多个行业领域。氢氧化镁不仅能够成为化工材料，同时也可作为阻燃剂与添加剂用于一些高分子材料工业中，其绿色环保的特质符合当下绿色发展的理念。氢氧化镁在橡塑行业还充当着阻燃、抑烟、填充三重功效的阻燃剂的角色。在医药方面，氢氧化镁的乳状悬浊液常常被制成酸化剂与缓泻剂。综上所述，镁盐及各种镁化物的广泛应用足以体现镁的重要性。

（四）海水中的钾元素

钾元素作为植物生长的重要元素，是农用肥料的重要组成部分。世界上较为著名的几家钾肥企业中，产能位居前列的企业均拥有较多的岩石矿资源，但事实上陆地上的钾矿资源分布极度不均匀，大部分可用于储存与生产的钾矿资源均集中在北美洲、欧洲国家，因此这也导致钾肥面临着被国际巨头垄断的局面。包括中国在内的大部分国家的钾矿资源贫瘠，世界产能排名前十的钾肥制造企业中只有两家中国的企业。而相比陆地，海洋资源中钾的总体储量高达 550 万亿吨，所以在陆地钾矿资源紧缺的情势下，从海水中提炼钾元素的方法也为钾资源的开发提供了一条有效途径。钾矿资源严重不足且同时沿海的国家往往会更加致力于海水中钾资源的开发。

（五）海水提钾技术

国外从 20 世纪 40 年代开始海水提钾技术研究，自 1940 年挪威科学家凯兰德首次申请海水提钾的专利技术以来，在海水提钾领域已有包括化学沉淀法、有机溶剂萃取法、离子交换法等上百种提炼技术。目前许多国家也都建立了海水提钾工厂。关于海水提钾，国外曾有两次工业化规模化的试验。一次是 1949 年荷兰与挪威合作进行了千吨级二苦胺沉淀法提取硝酸钾的中试；另一次是 1969 年日本对海水淡化及副产物利用进行了规模研究，以多级闪蒸法为主，然后通过电解法进一步提取钾碱。虽然上述试验都取得了一定成果，但是由于高效分离提钾对技术要求较为严苛，且经济效益无法达到理想目标，因此也限制了海水提钾的工业化发展步伐[①]。

我国一直高度重视海水钾资源的开发，从20世纪70年代就开展了海水提钾技术的初步研究，发展了以天然无机交换剂为富集剂提钾的工艺，之后又进一步发展了利用“半冠醚”型有机分子和天然沸石叠加吸附的方法从海水中提钾的工艺流程，这些帮助中国海水提钾技术获得飞跃提升，达到了世界领先水平。尤其在“十五”期间，国内自主研发了“沸石改性钾离子筛”技术，这一举动有效地解决了海水中钾的高选择性、高倍率富集的问题，并且突破了钾肥分离过程的高效性与节能性等一系列关键技术难题。在成功进行了百吨级中试和万吨级工业试验，该项技术得以产业化推行（图3-20）。相比当下现有的钾肥生产技术，该技术具有原料来源广、成本低、经济效益高等多种优势，这也为一些行业的产业结构优化调整提供了可靠的技术依据。在之后的“十三五”规划中也明确提出，要鼓励对海水资源的综合利用，完善上下游产业链。充分利用海洋资源开展包括钾在内等多

图3-20　钾肥

① 袁俊生，纪志永，陈建新．海水化学资源利用技术的进展［J］．化学工业与工程，2010，27（2）：110-116.

种化学元素制取以及工业化制盐的工作，推动海水的高值化利用。

（六）钾元素的应用

钾盐主要包括氯化钾、硫酸钾等钾盐。钾盐在工业方面主要被应用于制造火药、玻璃和冶金等化工原料。此外，钾盐还可以当做制造枪炮口的消焰剂与钢铁热处理剂。在医药工业中，钾盐则是利尿剂的主要原料以及防治缺钾症的药物。在染料工业中，钾盐又可参与进行生产G盐（2-萘酚-6，8-二磺酸二钾盐）以及一些活性染料。在农业方面，钾元素是植物生长过程中重要营养元素，钾肥的肥效快，不仅能让农作物茎秆更结实，直接对农田施用还有利于土壤下层水分上升，达到抗旱的效果。在食品行业中，钾盐可代替食盐应用于发酵、调味、罐头制作等食品加工过程中。

二、海水中的微量元素

（一）海水中的锂

海水是由多个化学成分组成的复杂体系，除上述所说的主要成分之外，还包括含量小于1.0毫克/升的元素，例如锂元素、磷元素等，这些微量元素在海洋里各自有着不同的分布方式，且各元素持续通过相界面进行迁移。

锂作为自然界中质量最轻的金属元素，被誉为是推动世界进步的能源金属。锂及其盐类也是重要的战略物资，在国民经济与国防建设中扮演着关键角色。锂电池在当今社会中并不陌生，作为新型绿色能源材料，锂元素尤其是在化学能源与核聚变发电这一类高新技术产业中展现出巨大的发展潜力。当下全球锂的消耗量约为30万吨，人们对锂的需求量仍在逐年增长。但目前陆地上存在的锂资源总量约为1 700万吨，这根本无法填补锂的远景市场的空缺。而反观广阔海域中锂资源的总量高达2 400亿吨之多。因此，近年来各国纷纷将目光投向对海洋中锂资源提取的技术研究，取得了阶段性的成功。

（二）海水提锂技术

在海水提锂的技术中主要包括溶剂萃取法和吸附剂法两种。因为单位体积的海水中含锂浓度较低，仅有 0.17 毫克/升，所以吸附剂法被公认为是最有研究价值的技术。目前被用作锂的吸附剂种类繁多，其中尖晶石型锰氧化物锂离子筛既拥有较强吸附性，又具备较大的锂吸附量，因而最具工业化生产的推广潜力。日本当前已经研制出吸附法海水提锂流程方案和装置，其相关科研机构研发合成的锂吸附剂吸附量限值已经达到了 40 毫克/克，并完成了海水提锂的批量扩大试验。韩国方面则是利用高性能吸附剂成功建立了海水提锂的分离膜储存器系统，其基体吸附剂的单位吸锂量能够达到 45 毫克/克，同时该装置系统可以实现无上限次数的反复使用。

尽管海水中含有极为丰富的锂资源，但是海水中的锂浓度很低，导致“海水提锂”难上加难。海水提锂的很多技术都面临提取过程不易调控以及提取效率不高的问题，初步得到的提取物仍待进行后续处理才能提炼出纯度较高的单质锂或锂化合物。我国在这方面的研究起步较晚，2009 年南京大学何平、周豪慎团队提出了组合电解液的概念，基于此，该团队研制出水系锂—空气电池、锂—铜电池等新型大容量电池。经过两年多的反复研究试验。研究团队将组合电解液的策略成功融入海水提锂的技术当中，并创新提出了一种以太阳能为驱动能，基于组合电解液思路和离子选择性固体薄膜的恒流电解技术，首次利用锂离子选择性透过膜得到了锂单质，成功实现了“海水提锂”。该技术还利用了恒流电解法制备技术，该技术具有速度快且可调谐的优势，适用于产业化生产制备，这也为我国实现海水提锂工业化提供了基础条件。

（三）锂元素的应用

锂一直被广泛应用于电池、玻璃、核工业以及光电等多个领域。随着当今时代人工智能与电子产品的快速发展，电池行业俨然已是锂最大的应用市场。此外，对作为锂盐之一的碳酸锂的应用是陶瓷产业中环保减耗的重要途径。随着对锂功能的不断挖掘，其在玻璃中的各种新作用逐渐被发现，因此玻璃行业对锂的需求量也将保持长期稳定的增长，陶瓷与玻璃行业自然而然成为锂的另一大消费领域。同时医药工业中，碳酸锂与溴化锂也发挥着不小的作用，这两种锂盐能够用于催眠、镇静类药物的生产。

（四）海水中的磷

近年来，海洋环境科学研究重点逐渐转向了近岸浅水生态系统，关于磷元素的生物地球化学循环系统当下也备受关注。磷元素广泛存在于自然生态系统中的每一个环节，其通过多种多样的形态遍布于海洋生物、海洋悬浮物中，这也使它成为海洋重要有机化学成分之一。海水中的有机物中所含的磷主要可分为溶解有机磷（DOP）、颗粒有机磷（POP）、胶态有机磷（COP）以及挥发性有机磷（VOP）四个种类。随着对磷元素的生物地球化学循环系统研究的深入，国内外的科研人员发现当在水环境中的溶解态活性磷被生物耗尽后，溶解有机磷能够被浮游生物吸收利用，从而转化为溶解态总磷的一个部分，该浓度一般情况下会大于溶解态活性磷酸盐的浓度，因此也自然而然成为了浮游生态系统中磷的重要来源。除此之外，有机磷在海洋初级生产过程与整个生物地球化学循环中都起到了关键作用。

（五）磷元素的应用

磷酸盐具有重要的生物意义，在生态学上往往会被大量地开发采集并加以利用。磷酸盐一般都作为限量试剂，其可得性影响着生物体的生长速度。如果把大剂量的磷酸盐添加到缺乏磷酸盐的环境中去，那么则会对生态环境造成严重影响。磷元素除了在大自然的生态系统中起着重要的作用，磷酸盐也广泛被应用于人们的日常生产生活中。磷元素作为人体所需的重要的矿物质元素，在食品加工行业中，磷酸盐成为了应用广泛且使用剂量较大的食品配料和功能添加剂。在食品加工过程中常常使用的磷酸盐主要是钠盐、钙盐、钾盐以及作为营养强化剂的铁盐和锌盐，食品级磷酸盐的种类繁多，较为常见的就有 30 多种，而其中的磷酸钠盐使用最多。随着我国对磷元素提取技术的不断提升以及海水提钾工厂的规模产业化发展，市场中对于磷酸钾盐的需求量也呈持续上升的趋势。在化肥行业中，磷酸盐是磷肥料的主要成分，其对作物的功效是能够增加产量并且改善作物的品质。而在化工产业中，磷酸盐还常被用作不定形耐火材料、耐火材料的结合剂以及清洁剂中的软水剂。

三、海水中的有机物

（一）海水中的有机碳

海水中的有机物主要包含无氮有机物、含氮有机物、类脂化合物以及复杂有机物等。有机碳作为海洋有机化学的重要组成部分之一，在海水中的含量随不同海域、不同深度、不同季节变化很大，其范围约为：总有机碳（TOC）＝0.53 毫克碳/升，溶解有机碳（DOC）＝0.52 毫克碳/升，颗粒有机碳（POC）＝0.005 1 毫克碳/升。碳元素是生物圈物质和能量循环的载体，也是构成生命的最基本元素之一（图 3－21）。由于近百年来，人类对于化石燃料的大量燃烧以及对生态环境的破坏，导致了自然界中存在大量二氧化碳，全球气候变暖、海平面上升以及两极冰川逐渐融化等多种环境问题。所以，全球科学家十分关注全球碳循环系统的密切变化与影响。海洋地球表面是一个巨型储碳库，在海洋浅层水与大气的交换过程中，二氧化碳可能被海洋吸收，也可能由海洋输送给大气，从而直接对大气中二氧化碳浓度进行了调节。一些数据表明，每年大约有近 30%的二氧化碳气体被海水吸收，从而使全球气候的变化有所缓和。DOC 作为海洋碳循环的重要组成，其在海洋中的储量高达 685×10^9 吨，这已与大气中二氧化碳的碳储量相差无几。DOC 在自然界的任何波动都将对海洋和大气之间的二氧化碳平衡系统造成强烈影响[①]。对于有机碳含量进行测定的数值往往能够成为海洋生产力研究的重要参数，对研究海水中有机物质的基本情况有着重要意义，其数值也可对近海有机物的污染状况做出鉴定等。

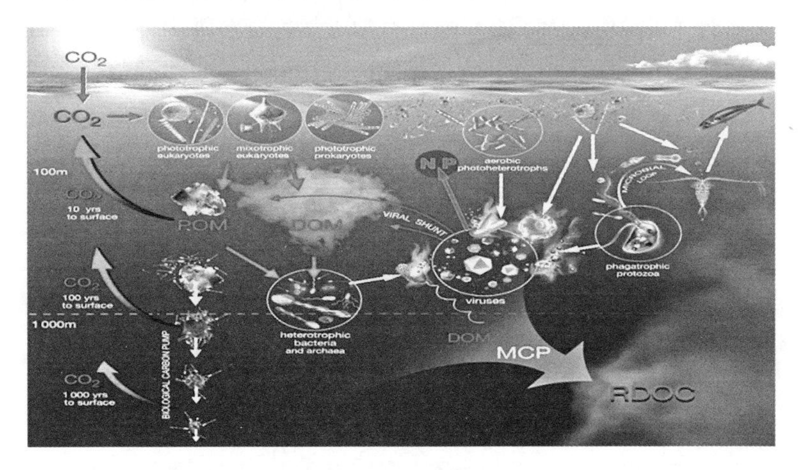

图 3－21　海洋碳循环模式

有机碳在农业领域发挥着重要的作用，有机碳肥相比于传统的有机肥料具备水溶性好且单位面积用量更少的优势，能弥补传统有机肥无法大规模应用的缺陷。有机碳肥是信息化时代植物的有机营养肥料，其用量可进行计量应用，同时可经过管道输送、可滴灌，甚至可以进行气雾栽培使用。同时有机碳肥还与化学肥料相辅相成，通过两者间的掺混或者造粒，可使农作物比原本只

① 吴凯．海洋溶解有机碳循环简介［J］．科技资讯，2013（8）：165－178.

施用化学肥料增产30%～100%。有机碳肥同时还是高效的土壤调节剂，其使用浓度正好与功能微生物的需求相匹配，可以在短时间内调动并提升功能微生物的作用效率，最终对土壤的改良起到吹糠见米的效果。此外有机碳肥是农作物光合作用的增强剂，也是农作物防病抗逆机能的促进剂，激活农作物生产潜力。土地永续耕作的关键是靠物质循环，而其本质是碳循环。所以有机碳肥的使用可以为土地永续耕作保驾护航。

（二）海水中的石油

海洋资源中，除了有机碳，石油天然气资源极为丰富且与我们的日常生活息息相关。数亿年间，海洋中各种生物的遗骸形成了大量的有机碳，而陆地上的河流则将泥沙与部分有机质携入海洋中，就这样日复一日、年复一年地将大量的生物遗体深埋于海底下。随着时间的推移，在漫长的地质演化过程中，沉积物变成了岩石，形成了巨大的沉积盆地，而后又由于岩层的压力、高温以及细菌的共同作用，这些生物以及有机质的残骸最终形成了石油资源。

通过数据测算估计，海洋中潜藏的石油资源量大约占据了全球石油资源总量的近三成，但目前对于海洋石油仍然未处于深度勘探阶段。根据美国地质调查局评估，世界（除美国）的所有海洋中尚待勘探发掘的石油资源约有548×10^{8}吨，而待发现的天然气资源量为78.5×10^{12}立方米。海洋油气资源主要分布在大陆架，约占全球海洋油气资源的60%。在探明储量中，当前浅海仍然位居第一，不过随着石油勘探技术的不断发展与进步，海洋油气资源勘探的方向将慢慢移向深海。当前全球的海洋石油钻探最大水深已经超过3 000米，而油田开发的作业水深也已达到同等深度，铺设海底管道的水深则达到了2 150米。从地理分布来看，海上石油勘探开发形成了三湾、两海、两湖的独特格局。“三湾”即波斯湾、墨西哥湾和几内亚湾，而“两海”则是北海与南海，“两湖”是里海以及马拉开波湖，而处在这些地理位置的国家以及其周边国家自然而然成为了当前全球主要的海上油气勘探开发国家。

（三）海上油气勘探

对于海上油气勘探始于20世纪40年代，当时墨西哥湾以及马拉开波湖等地区是主要的集中勘探区；到了50—60年代，在波斯湾、里海等海区对于海上油气的勘探初具规模；但全球海洋油气勘探最为活跃的时期是70年代。在这之后，随着勘探技术的逐步成熟，开采人员将勘探范围向深水领域推进，由此也形成了美国墨西哥湾、巴西和西非这三大传统的深水油气区。近些年来，巴西盐下、东地中海、东非等其他深水区相继勘探到大面积的油气田，备受世界关注。当下全球大约90%的已发现深水石油储量均集中在巴西、西非、美国墨西哥湾和挪威这四大海域，而亚太地区如今是最具挖掘潜力的深水新区，也将是今后勘探的重点地区。随着海上油气勘探的平均水深不断加深，2000年以来，深水油气勘探取得明显进展①，全球的深水油气开发工作已经迈入全新阶段。我国拥有渤海、南黄海、东海等包括台湾海峡在内的七个大型油气盆地，丰富的油气资源让我国拥有了形成世界级大油田的地质条件。根据第三次石油资源评价，我国的海洋石油资源量达到246亿吨，天然气资源量达到15.79万亿立方米。中国海洋石油集团有限公司（以下简称中国海油）作为海洋经济高质量发展的重要实践者、先锋者，坚定不移推进增储上产七年行动计划，提升国内油气勘探开发力度，保障国家能源安全。以寻找大中型油气田为主线，从战略展开、战略突破、战略发现三个层次推进勘探进程，同时加大了对新领域风险勘探的力度，以此来为能源供应及可持续发展保驾护航。2020年，全年生产原油7 729万吨，天然气304亿立方米，进口液化天然气

① 舟丹．世界海洋油气资源分布［J］．中外能源，2017，22（11）：55.

2 975 万吨，天然气发电量 207 亿千瓦时。

2020 年，中国海油直面挑战，瞄准重点盆地、重点领域、重点区带，国内勘探新发现继续保持较高水平，获得 13 个商业发现和 19 个潜在商业发现，成功评价 41 个油气田；海外勘探面积 7.52 万平方千米，净面积 3.56 万平方千米。油气生产方面，通过加大技术创新和管理创新，国内海上高效完成钻井 730 口，钻井数量创历史新高；关键技术指标创近五年最好，钻井成本创近五年最低，提速提效成果显著，增储上产贡献突出（图 3－22）。中国对海洋石油气资源的开采利用方面具有较好的发展前景。

图 3－22　我国海上首个高温高压整装大气田成功试产

随着时代的发展，构建人类命运共同体，推动全球可持续发展的思想日益深入人心，而实现对于自然资源的综合开发与利用，积极推动产业绿色发展，打造循环经济，也早已成为我国经济高质量发展的重要战略目标，这为海水综合利用新兴产业的发展提供了百年不遇的好时机。经过我国科研人员的多年研究与开发，我国的海水化学资源开发利用技术与配套开发设施体系日趋成熟。在党中央和地方政府的坚强领导与支持下，通过产学研的不懈努力，海水化学资源利用新兴产业必将做大做强，并为国民经济生产建设以及保障人类社会可持续发展做出更大贡献。

第四章　多变的深层海水

本章主要分析深层海水的分布、能源开发和主要作用。首先分析温差发电及制冷，主要包括温差能发电和冷房制冷及水产保鲜。其次从水产养殖、农业与食品开发等方面阐述深层海水与人类现代生活息息相关的知识。最后通过医疗保健和深层海水进一步的开发利用分析深层海水的利用潜力和利用现状。本章将以深层海水的不同利用过程为链条，每个链条都会以海水的不同作用方式与改变为一个环节，以促成多变的深层海水的有效利用为节点，对各个链条进行详细的解释说明。

第一节　温差发电及制冷

一、温差能发电

（一）海洋温差能简介

海洋占据了全球71%的区域，而从太空带来的各类能源，大多数都落入了海洋之中成为待开发的海洋能，这些能源主要来源于太阳和月亮，海洋接受、储存和散发能量的过程是多种多样的，它们以波浪、海流、潮汐、温差等形式存在于大海。其中，温差能的主要来源是储藏在海洋中的太阳辐射能量，太阳向地表照射的大量能量被海水所吸收，使得海面温度上升，而海洋热传导能力较弱，深层海水几乎不受阳光影响，于是表面海水和深层海水产生了温度差异，从而形成温差能。

温差能是指海洋中受太阳能加热的表层温海水（温度为

25～28℃）与水深800～1 000米处的深层冷海水（温度为7～4℃）之间蕴藏的热能。深层海水因阳光难以照达，海水中光合作用几乎停止，且远离陆地及大气污染，非常洁净。同时，海水中无机营养盐、微量元素和矿物质种类非常丰富，含有90多种人体所需的矿物质，是一种宝贵的资源。[①] 海洋温差能是海洋能中储量最大、最稳定的一种能源。据估计在赤道北纬30°至南纬30°内，由表、深层海水温度差所形成海洋温差能，高达$1.3\times10^{24}\sim3.0\times10^{24}$焦耳，相当于$40\times10^{12}\sim100\times10^{12}$吨标准煤。[②] 温差能的基本原理是利用海洋表面的温海水加热低沸点工质并使之汽化以驱动透平发电机，透平排除的乏汽与深层冷海水换热冷凝成液体，通过工质泵输送到蒸发器中，完成一次循环。经过处理的深层海水提取物绿色无污染，可用于生命科学、医药、精细化工、食品添加剂、高端食品、功能饮料、酒类、沐浴用品、化妆品等领域，具有很高的附加值。

在众多的海洋能源中，温差能是继波浪能之后的第二大能源，作为全世界最大的太阳能收集装置，大海吸收了37兆瓦的太阳能量，比现在的地球能源消费总量高出4 000多个百分点，光是可供开采的能源就已经超过了全世界消耗总和，储量十分丰富。太阳能中有15%左右的能量是以热能的形式存储在海水表层中，由于对太阳能量的吸收程度不同，导致海水水温与深度成反比。在海平面上，60%的太阳光能透过的深度为1米，18%的阳光可以深入海底十多米，只有极少的阳光向下照射范围超过了100米，所以把海平面下100米的海水称为表层海水，这部分海水吸收了大量太阳光照，且在风浪的作用下可以彼此交融，具有

① 李大树，刘强，董芬，等．海洋温差能开发利用技术进展及预见研究[J]．工业加热，2021，50（11）：1-3，16.

② 付强，王国荣，周守为，等．温差能与低温海水资源综合利用研究[J]．中国工程科学，2021，23（6）：52-60.

温度较高、水温较为恒定的特性，在温差能储藏中作为高温层存在，在热带地区，表层海水温度常年超过 25℃。穿过了表层海水，深度继续向下，由于阳光难以穿透，水温会骤然降低，在这个阶层海水温度极不稳定，变化较大。当海水深度到达 800 米左右时，水温逐渐趋于稳定，维持在4～6℃，这部分冷水在温差能储藏中作为低温层存在。海水的高温层和低温层之间存在近20℃的温差，这种温差可以作为新能源产生的原始动力，所以，海洋温差能是以海水高温层和低温层之间温度差的形式而储存的海洋热能。

海洋温差能是一种洁净、无污染的能源，其能量来源持久、不间断，但此能源具有显著的季节性特征，与冬天相比，夏季的能源储量明显更多。海洋温差能资源因为有温度差而存在，800米之下，海水的水温波动很小，基本上保持在 4～6℃，所以，温差能的分布主要与海洋表面的浅水温度有关，而浅水温度则受到季节和各种极端气候的影响，不同区域的温度差异很大，纬度越低则海水表层温度越高，在靠近赤道的地方，太阳辐射量大，海水表层温度最高可达 28℃，是世界上温差能储量最大的区域，所以，大部分温差能都储存在热带深水海域。

我国大陆海岸线长度超过 18 000 千米，岛屿和半岛众多，包括渤海、黄海、东海、南海在内的海洋总面积约为 4.7×10^6 平方千米，海洋温差能资源量巨大，近岸海洋能资源潜在量约为 6.97×10^8 千瓦，其中温差技术可开发量占比高达 34%。特别是南海，是中国近海及毗邻海域中温差能能量密度最高、资源最富集的海域，也是全球海洋中温差能资源最好的海域之一，温差能蕴藏量为 3.67×10^8 千瓦，具有很好的开发利用前景。主要原因是南海处于亚热带与热带，终年温度较高，水温分布具有明显的热带深海特征。除南海外的其他海域水深普遍只有数十米，并且海洋水温具有明显的地区差异和季节性变化。比如渤海、北黄海易受大陆气候的影响，南黄海、东海处于近岸海流系统与外海海流系统的汇合区域，水温情况主要受海流的影响；而南海表层水温冬夏一致，除北部沿岸外的大部分区域水温为 28.6℃；100～300 米深度的次表层水温为 12～20℃；500～800 米深度的深层水温在 5℃以下；1 000 米深度以下的海盆区深层水温最低为 2.36℃，无季节变化，因此开发利用条件良好，是区域能源结构优化以实现碳达峰、碳中和的有效支撑，也是未来我国南海、21 世纪海上丝绸之路沿线诸多岛屿能源补给保障的重要途径。①

“十四五”规划提出，我国要积极拓展海洋经济发展空间，减少各行各业对化石能源的依赖，所以，开发利用海洋清洁能源是一项十分重要的举措，海洋温差能是一种洁净、无污染且储量充裕的能源，极具开发价值。温差能资源的开发范围主要集中在水深800 米以上、温差大于 18℃的区域，分布范围横跨太平洋、大西洋、印度洋。全世界近一百个国家和区域拥有可供开发的温差能。我国海洋辽阔，不同区域的温差能资源分布差异很大，根据各地资源的能量密度、储量和开采情况，可以看出，温差能资源最丰富的区域是南海，东海次之，黄海和台湾以东海域也有一定开发潜力，而渤海远离赤道，海水深度不够，是没有开发价值的海域。

1. 南海

南海的地理区位在纬度较低的北回归线以南，全年日照温度均较为稳定，南海年平均水位为 1 212 米，水深足够且海域广阔，浅层海水的吸热能力强，被视为发展海洋温差能的最佳地点。南海海域温差能资源占我国海洋温差能蕴藏总量的 96%以上。根据国家海洋局实施的“我国近海海洋综合调查与评价”专

① 付强，王国荣，周守为，等．温差能与低温海水资源综合利用研究 [J]. 中国工程科学，2021，23 (6)：52 - 60.

项，南海海域海水浅层和深度温度超过 18℃，其温差能的理论装机容量为 36 713×10^4 千瓦，其理论发电量为 32 161×10^8 千瓦时，技术可转化的年发电量为 2 251×10^8 千瓦时，约等于三峡电站年度发电量的 2.5 倍①。南海以北地区为大陆架，而东南地区以深水为主，该区温差能源资源十分充裕，发展空间大，但其深水区域距离陆地较远，开发具有一定难度。中国南海最大群岛是西沙群岛，它的边缘险峻、斜坡陡峭，适合开发建造陆基式、陆架式的海洋温差能发电站。永兴岛位于西沙群岛，是我国南海诸岛的行政中心、经济中心和军事中心，它的能源和饮用水都是从内地运来的，便捷度差且费用昂贵，如果能够充分开发利用海水中蕴藏的温差能，可以为岛上人民带来充足的能源、饮用水和深层冷水资源。西沙群岛是开展温差发电实验的最佳地点。

2. 东海

东海地势呈现出西北高、东南低的整体格局，西部以陆架区为主，海水深度较浅，平均水深 200 米以下，温差能储量较小；东部大多为冲绳海槽地形，水深均在 1 000 米以上，每年赤道附近都有大量的高温高盐海流从台湾岛东部流入东海，此地为必经之处，所以有“黑潮区”别称。“黑潮区”表层水流温度很高，常年气温在 26℃左右，与深层海水温差较大，温差能源资源十分充足，非常稳定，且此区域邻近岛屿，在发电站选址上具有一定优势，开发条件良好。

3. 台湾岛以东海域

台湾岛以东的海区海底地势走向明显，东海岸地势高，导致水深较浅，而后走势陡峭，所以靠近太平洋区域的大片海域地势低，平均水深在 1 000～3 000 米，具备良好的温差能储藏条件。

---

① 张继生，唐子豪，钱方舒．海洋温差能发展现状与关键科技问题研究综述[J]．河海大学学报（自然科学版），2019，47（1）：55-64.

每年来自赤道附近的“黑潮”会流经该海域，使得表层海水的温度维持在一个较高的水平，如此具备天然优势的高温层和海底低温层为温差能开发提供了有利的条件。在台湾岛东海岸，大多为悬崖峭壁结构，适合建造岸基式温差能发电站，20 世纪 80 年代，台湾地区电力公司就在此处进行过温差能发电站选址。

4. 黄海

黄海多为浅水区，其水域的平均深度为 44 米，作为典型的陆缘海，黄海海区的温度有南高北低的特点，近岸区域温度较低，济州岛周围水温高，水平跨度可高达 10℃，且其水温具有季节性特征，在整个冬季及前后两个月，黄海表深层温度都相差不大，无法转换成优质的温差能，在每年的 5 月至 10 月，浅层海水会出现 20℃以上的高温层，而在黄海南部 40 米以下和北部 30 米以下区域仍留存有 7℃左右的低温层，此时高低温层的温差具备储藏温差能的条件，有一定开发潜力。但由于其温差能储量极不稳定，存在断点时期，所以开发起来经济效益不理想，但此地温差能的开发利用，对于解决就近地区夏季高峰用电需求有一定意义。浙江大学的洪逮吉教授在 20 世纪 80 年代提出，在二氧化碳介质作用下，以深层海水为低温层，火力作为高温层，利用这种特殊的温差建立发电站，也是温差能利用的一种新形式①，这也为黄海深层海水利用提供了新思路。

（二）温差能发电原理

海洋温差所储存的热能大部分源于太阳辐射，全球范围内海洋领域辽阔无垠，处于热带的海水面积也相当广阔，所以温差能是一种丰富、可持续的能源，极具开发价值。目前，开发利用温差能最主要的形式是发电，其发电原理是，利用海洋中浅水高温

① 洪逮吉．用黄海冷水团作冷源建立大功率火电站 [J]．海洋通报，1983（6）：69－76.

层和深水低温层之间温度差产生巨大能量，这是一项将太阳能间接转化为电能的技术。

温差能发电系统有三种循环方式，分别是开式、闭式、混合式循环，主要工作元件由冷凝器、蒸发器、汽轮机、发电机组等组成，高温源、低温源和工作介质是三个必备的要素①。在开式循环系统中，工作介质为海水，先使用真空泵将整个系统维持在一定真空状态，随后用温水泵抽取高温层海水，在蒸发器内持续产生水蒸气，水蒸气带动汽轮发电机产生电力，排放的气体进入冷凝器，由冷水泵抽取深层低温水进行降温，再将冷凝的水排出，其中海水并未循环利用。该方法的优点是可以得到高质量的淡水，不足之处是必须使用大型涡轮机才能获得较高的输出功率。由于发电效率有所差异，其中使用范围更广、更贴近实际的是闭式循环。该技术的操作流程是，以表层海水作为高温源，来加热沸点较低的工质（如氨、丙烷、氟利昂等），使其沸腾，然后利用其蒸汽旋转涡轮，驱动发电机发电，以 500～1 000 米深处的冷海水作为低温源，使转动涡轮发电之后的蒸汽冷却，工质变回液体，如此往复，形成热力循环系统，用以驱动透平发电。闭式循环相比于其他循环系统，其优势在于可以使用小型装置、转换效率高。混合式循环系统与闭式系统极其相似，唯一的区别是加热工质的方式不同，此系统抽取海水高温层进行闪蒸，在低压环境下产生水蒸气，以此来加热工质，混合式循环的益处是蒸发器面积小，维护方便。

在海洋能源中，温差能是热能，而潮汐、海流、波浪等能源属于机械能范畴，在电力生产中，机械能利用率更高，而热能大

① 中国电工技术学会．海洋能资源及海洋能发电技术［OL］．北京：科普中国，2022-02-17［2022-03-26］．https：//www.kepuchina.cn/article/articleinfo?business_type=100&classify=0&ar_id=91061.

多需要先转换成机械能，再转换成电能进行利用，由于温差能所采用的“热—机—电”工序较为复杂，且转换过程中存在小部分损耗，这就对发电设备和转换方式提出了一定要求。近年来，不断有专家学者研究新的温差能发电装置，他们在原有的发电模式上进行了改进，推出了一款新型装置，在这个装置中，设置了一个大型太阳能加温池，取海水放置其中，通过太阳辐射升高水温，由于每天日照强度不等，水温大多能升高到45～60℃，最高可达90℃，然后将热水引入蒸汽炉，使其在真空状态下气化，以产生电能，这种方法极大地提高了发电效率。

根据温差能发电装置的安装地点差异，可将其分为两种类型：陆地型和海上型。陆地型装置一般建立在海岸上，有固定的发电机厂房和取水管道，这种装置方式较为稳定，受恶劣天气影响小，具有易于维护、经济效益好、可长期运行的优点。但也有一定的局限性，其一是冷水泵管道设置过长，除去海面下的长度外，还需设置陆地和海面管道，增大了损耗；其二是因为陆地型发电装置覆盖范围有限，要确保其工作范围内具有优质的高温层和足够深度的低温层海水，所以工厂的选址问题十分关键，需要大量的实地考察与试验才能定夺。海上型装置在船上放置发电机组，将吸水设备垂直船体向下放置，用海底缆线将产生的电能传输到陆地上，在这个过程中根据船体的状态，又可分为浮体式（包括表面浮体式、半潜式、全潜式）、沉底式、海上移动式装置，可供选择的方案很多。总体来说，海上型装置热能损耗小、所需水管长度短，可以较大限度地利用温差能，但由于其设备安装在船上，受环境天气等因素影响大，不确定性因素较多，且电缆的建设具有一定难度，增加了整个工程的成本。

（三）温差能利用现状

海洋能开发利用存在开发难度较大、能量密度不高、稳定性较差、分布不均匀等难题，海洋能技术研发还面临着诸多风险和不确定性。温差能是受关注较晚的海洋能源，但其发展十分迅速。关于如何利用温差能进行发电，国内外科学家们都进行了多次试验与探索。早在 1881 年巴黎生物物理学家阿松瓦尔就开始关注浅、深层海水之间的温度差，并首次提出了利用这种能源进行发电的理念与设想。在 20 世纪初，法国科学院建立了第一个温差能实验发电站，证实了阿松瓦尔的设想。1930 年，阿松瓦尔的学生克洛德将理论付诸实践，于是，全球首个海水温差发电站在古巴海域建成，进行了第一次电力生产。这是一次宝贵且有意义的实践，但由于当时缺乏成熟的理论体系的指导，导致系统功率入不敷出，所以并未投入长期运行。

20 世纪 70 年代出现石油危机，新能源成为炙手可热的话题，海洋温差能再次引发人们的关注，日本和美国相继开展了相关基础研究，并取得了一些显著的技术突破和实质性进展。1979 年在夏威夷群岛上，美国和瑞典建成了 15 千瓦的海洋温差能发电装置，这是全球第一款真正的闭式循环系统，实现了净输出功率的大幅提高。2014 年美国在夏威夷建立温差能示范工程，这在当时是全球最大的海洋温差能发电站，其发电机组可实现 100 千瓦的功率输出，建成之后，该工程可以为夏威夷 120 户人家提供一年的用电量，具有重大的实用价值。2015 年，该示范工程并入美国国家电网，正式开始提供商业用电。这对于温差能发电项目来说具有里程碑式的意义，这既表明了利用温差能的可行性，也为今后大规模、多元化的海洋能源利用奠定了基础。未来，美国马凯公司计划在夏威夷和关岛等距离陆地较远的岛上，建造 100 兆瓦的巨型温差能发电站，以减轻岛屿的能量供应压力。日本也在此领域进行过积极研究，东京电力公司于 1981 年研发出 120 千瓦的陆地型电厂，并把它建立在大洋洲最小的岛国——瑙鲁的海岸边，通过运行取得了良好的效果。在此之后，日本先后建成了德之岛 50 千瓦实验发电站、伊万里 75 千瓦陆基实验发电站。2013年日本在久米岛上正式开始建设温差能发电站示范工程，该区域温差能蕴藏丰富，高温层和低温层常年温差超过14℃，在此地建造实验站能取得良好的效益。该工程重点研究如何提升温差能发电效率，并在此基础上，高效利用深层海水，组成可持续的循环系统。“久米岛模型”集温差能发电试验与海水资源综合利用二者于一体，尝试将温差能发电过后弃用的深层冷水用来养殖鱼类、制冷，以及探索其他用途，提高了项目的经济效益。

最初的温差能装置采用开式循环原理，以表面热海水（25℃）作为循环工质，加压蒸发后推动汽轮机做功，再用深层冷海水（4℃）冷却经过透平的水蒸气。这种循环方式虽然热交换效率低，但可以直接产出淡水，适合与海水淡化需求结合形成大型化的温差发电海水淡化联供系统。目前，为提高温差能利用的效率，国际上自2010年后建成的温差能发电系统均采用闭式循环。比如美国洛克希德·马丁公司2015年在夏威夷建成全球首个真正的闭式循环温差能发电系统，装机功率达到100千瓦，成为国际海洋温差能利用领域的重要里程碑。2016年，韩国船舶与海洋工程研究院（KRISO）启动了兆瓦级海洋温差能转换示范电站开发的研究项目。2019年，KRISO在西太平洋现场测试了这套兆瓦级温差能示范系统，实现370千瓦的最大净功率输出。从工程示范的效果来看，温差能利用的循环原理和热交换技术已取得比较明显的进展。目前的循环效率已可以支撑建设兆瓦级甚至十兆瓦以上级别的大型海洋温差能利用系统，但相关的海上平台建造与海洋工程技术还有待突破。此外温差能利用系统在海上长期运行的稳定性与可靠性还有待进一步的示范来验证。值得注意的是，目前海洋能温差能利用的研究主要聚焦在如何与现有离岸或近岸海洋工程平台相结合，海洋油气作业工程平台是温差能利用天然的海上载体，但温差能系统的安装是否会对油气平台产生安全性影响或带来安全性隐患，国际上对此尚未进行充分的研究或论证，这也是制约温差能发展的一个重要瓶颈问题。

我国也在积极开展海洋温差能研究。1980 年，台湾开始关注温差能，并对其发电站进行建设设计，同年，中国科学院广州能源研究所、中国海洋大学等单位也展开了关于温差能发电技术研究。1986 年，中国科学院广州能源研究所在实验室设计了开式循环发电系统，并完成了首次温差能发电，但并未进行大规模试验。进入 21 世纪后，随着气候变化和碳排放压力日渐增大，低碳化理念深入人心，这对能源结构转型提出了更高的要求，海洋温差能作为一种稳定的绿色可再生能源，再次吸引了学者的目光。我国相继对温差能“雾滴提升循环”方法、闭式和混合式循环系统发电站进行了研究和试验。2012 年，自然资源部第一海洋研究所开发了 15 千瓦的海洋温差能发电装置[①]，并在此基础上建造了中国首座实际运行的温差能发电站（图 4－1），此后几年，研究所不断对此发电站进行开拓创新，在研究新型热交换器、提升氨饱和蒸汽涡轮机效率上相继取得重大突破。此时，全球范围内海洋温差能技术快速进步，国际上已经出现了许多大型的温差能示范工程。虽然我国温差能发电技术取得了一定的阶段性成果，但还缺少示范工程。2016 年，自然资源部提出海洋可再生能源资金项目——“南海海洋能开发利用资源评估及示范电站总体设计”，国家海洋技术中心负责承担此项任务，结合当地海岛环境进行勘探，开展资源评估分析和电站选址研究工作，完成了温差能示范电站的总体设计，并于 2019 年 1 月进行了验收。此项目为南海温差能开发利用提供了发展规划，也为后期示范工程的实地建设提供了数据支持和技术保障。

值得注意的是，国际上温差能技术仍处于核心技术突破阶

① 朱彧．海洋温差能发电初露曙光［N］．中国海洋报，2012－09－07（3）．

图 4-1　15 千瓦温差能发电站

段，其冷水管技术、平台水管接口技术、热力循环技术以及整体集成技术等方面仍存在一定问题①。近年来，日本和美国等国家已建成若干大型温差能发电和综合应用示范电站，包括百瓦级和千瓦级，均在实践中获得良好的应用成果，为未来建设兆瓦级电站提供了宝贵的经验。目前我国对于海洋温差能的研究仍处于试验阶段，与发达国家的水平还有一定差距，但已完成了南海温差能示范电站总体设计，示范工程也在稳步推进中，发展潜力巨大。但在温差能利用过程中也存在一些问题，温差能发电站的建设费用和能量传输费用比其他可再生能源利用都要大得多，导致其在经济上暂时还不具备市场竞争力；同时，温差能处于海洋环境之中，受外界影响因素大，循环热效率较低，这也是海洋温差能发电商业化应用中的关键问题之一。因此，采用高效的热力循环方式是海洋温差能发电的必要条件，也是将来研究的热点。未来，海洋温差能发电装置要继续朝着十兆瓦甚至百兆瓦规模的方向发展，同时，要积极提高温差能的综合利用水平，充分发挥其

① 刘川．第六届中国海洋可再生能源发展年会暨论坛在珠海召开［N］．中国海洋报，2017-05-31（1）．

在海水淡化、制冷、深水养殖、海水制氢等方面的优势，降低发电成本。

总的来说，海洋温差能具有清洁可再生、发电波动小、可全天候运行等特点，稳定性堪比化石能源且不需要储能系统，有望成为区域可替代能源，受到国内外广泛关注。值得注意的是，在海洋可再生能源中，温差能规模化开发的成本效益最为显著，与离岸海岛及海上油气平台的供电、制淡、供热制冷需求结合最为紧密，但其核心的兆瓦或十兆瓦以上级别大型温差发电机组及配套的海上工程施工技术还未成熟，海洋温差能发电（OTEC）技术和装备尚处于实验阶段，兆瓦级试验电站建设成本巨大，整体技术成熟度不及商业级利用规模，亟待通过海上工程示范取得进一步突破。

二、冷房制冷及水产保鲜

（一）冷房制冷工作原理

深层海水可用于冷房制冷，相比于传统要素，深层海水具有绿色、无污染、可再生的优良特点，将深层海水作为冷源可直接冷却空调房内的空气。这种新型海水空调，不仅可以获得优良的制冷效果，还能有效减少电力消耗，适合应用于需要大量制冷量和易于获取深层海水的沿海地区。

深层海水用于冷房制冷的原理十分简单，只是相对于传统空调，将其中的制冷器替换成了深层海水，其余运行配件全都不变。这种以深水冷源为主导的冷却系统称为DWSC（Deepwater Source Cooling）系统，DWSC是与天然冷源（Free Cooling）相对应的。其工作原理是，利用深层海水常年保持恒定低温的特性，在每年的5—10月份，抽取深层海水，在换热器中与回水进行换热，如此往复循环，能为建筑物提供持续的冷气。DWSC系统主要由深层海水循环系统、换热器、冷水循环管网组成，系统工作原理如图 4-2 所示。

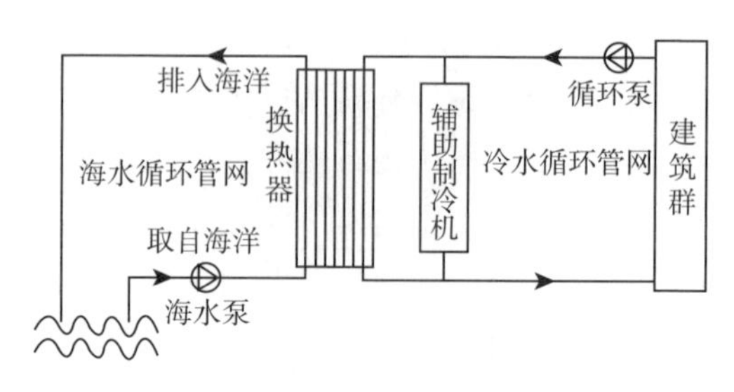

图 4-2 DWSC 系统原理图

随着制冷技术的发展，深层海水也可以应用在中央空调中，其作业流程与传统空调也极为相似，在这个过程中，深海海水代替冷水机组，充当冷源，可以直接冷却室内的空气，深层海水通过换热器与空气进行热量交换后，输送回海洋，因为海水取放系统是封闭的，循环过程中不会对海洋产生任何的污染，也不会对环境产生任何的破坏，更不用担心传统制冷剂对臭氧层造成的不利影响。这种制冷方案在节能与环保方面的优越性是无可比拟的，同时，深层海水中央空调还具有以下优点：其一是深层海水比传统冷媒温度更低，相同制冷量下需要的冷水少，可以相应减少冷水管道设置，节约材料和工序；其二是深层海水作为天然冷源可以节省大量费用，因为在中央空调系统中投资最大的是冷水机组、冷却塔等设备，替换之后能降低大量成本。当然，深层海水制冷也有一定的局限性，因为该技术是从深海直接取水，因此这项技术的应用并不具有普适性。但是，在沿海地带和热带地区，应该大力推广这项技术。我国沿海地区相对于内地经济较繁荣，人民生活水平高，空调覆盖率广，深层海水空调的推广不仅能降低成本，提升市民生活品质，还能为城市的环保事业添砖加瓦。

最近有一种正在研发的新型深层海水空调系统，不需要抽取海水到地面，而是将换热器置于深层海水中，称为深层海水冷却的海风空调管道系统，属于制冷工程领域。主要工作部件包括海面工作平台、空气消毒和净化机组、压缩机组、入口总阀、输入管道、分段阀、换热器、分配节点装置、输出管道、出口总阀、二次加压泵系统、城市配送管道、用户分配环网节点海面上海风处理装置、空气压缩机、置于海底或者深海下 100～220 米的换热器、城市内管道分配系统、用户使用单元等十七个部分。海风空调管道系统工作的原理是：在离城市较远的海面上将海风净化，消毒后由空气压缩机加压，根据离负荷中心的距离确定压缩压力，然后通过输入管道进入海下换热器，经过充分热交换后输出，出来的温度控制在 10℃，然后进入到城市管道分配系统，经过分配节点装置进入最后的用户使用单元。这种系统同样把深层海水作为冷源使用，且充分利用海水和海风，清洁无污染，也节省了能源，可以为大面积地区提供清洁的低温海风，改善工作和居住环境，具有显著的社会效益和经济效益。

（二）冷房制冷利用现状

长期以来人们一直把深层海水看做一种具有潜力的能源，深层海水作为冷源可直接冷却空调房内的空气，与常规的空气热源式制冷机相比较，此项技术可大幅度节约电能、降低制冷成本①，同时，利用海水空调制冷可以节省珍贵的淡水，这对于各个国家节约淡水资源具有现实意义。

从 20 世纪 70 年代起，在能源危机的影响下，国外对利用深层海水进行空调制冷的研究越来越重视，其理论体系和发展框架日益丰富，相关的试验也在积极开展。美国夏威夷州自然能源研究所、日本高知县海洋深层水研究所在降低海水空调能耗方面进行探索，取得了一定的成果，与空气热源式压缩制冷机相比，他

① 邱金泉，王建艳，王静，等. 深层海水的用途及开发利用现状［J］. 海洋开发与管理，2017，34（7）：93－97.

们研制的深海冷源空调节能效率分别为90%和40%。欧美等国家一直在积极推动深层海水制冷项目实际运行，到目前为止，瑞典、挪威、美国、加拿大等国均已建立了海水空调系统，并投入使用。

中国是世界上最大的能源生产与消费国，根据《中国建筑能耗研究报告（2020）》统计数据，全国建筑运行阶段能源消耗为10亿TCE（标准煤计量当量），建筑运行阶段碳排放CO_2为21.1亿吨，二者占全国能源消耗总量和碳排放总量的比值分别为21.7%和21.9%，接近全国1/5的用量和排放量，数量庞大，对环境造成不可预估的影响。而空调是建筑运行过程中十分重要的一环，在全国覆盖范围广。我国海岸线长度超过11万千米，岛屿、半岛众多，沿海地区经济发展迅速，冷、热负荷使用集中，能源消耗和碳排放都相对较高，若能在此区域大范围地推行深层海水进行制冷，不仅可以降低能源的消耗、有效地减少碳排放，还能带来巨大的经济、环境及社会效益。深层海水制冷可应用在各行各业，在台湾台东区农业改良场中，为了满足精致花卉、蔬菜、水果低温栽培的需要，该机构利用深层冷水制冷来降低栽培环境温度，使这些品种在夏天也能正常培育。据不完全统计，我国利用深层海水在工业领域制冷已有多年，年均用水量已超过150亿立方米，现在，深层海水制冷在沿海热电厂、化工厂中均已规模化应用。

国内外科学家在冷房制冷领域都进行了初步的探索，并有了一定的应用成果，但都是单个体、小规模、窄范围的应用，并没有建立大型的示范性工程。从国外海水空调运行的实例来看，大部分空调初始投资费用比传统空调要多一倍，其中海水取放系统占投资费用的一半，换热机组占比25%，输配系统占比25%，但运行和维护费用却是传统空调的15%和30%，属于前期投资大，后续维护费用低的类型。目前投资建设的海水空调系统回收期大多都是3～5年，总体来看，经济性还是较差，所以提升海水空调的经济性、推动深层海水制冷系统大型化是今后发展的重点。经济性是大型化的前提，要提升海水空调的经济性，首先要考虑的是取水泵的选址问题，取水泵应距离低温深层海水越近越好，这样可缩短取水管道，降低成本和工程量。其次，要了解陆地建筑物的集中程度来决定空调系统的大小，系统越大，规模效应越强；当地每年的空调使用率也是影响因素之一，高使用率能提高海水空调工程的经济效益。还有一些因素包括当地的气候条件、海底构造、电价和水位等都会影响海水空调的经济性。未来，设计建造以深层海水为冷源的制冷系统需要充分考虑以上因素，使其在全世界内广范围地应用。同时可以结合温差能发电，建立深层海水综合利用系统。例如在拥有天然深水资源的岛屿，建设大型的岸基式温差能发电站，并利用发电工程系统，将抽取的冷海水用来制冷，不仅能供给电能、产出大量淡水供岛屿生产与生活，还能降低综合成本，为岛屿带来绿色的制冷体验。

（三）水产保鲜

水产保鲜，是指通过各种制冷方式人为控制和保持稳定低温，来较长时间地保存水产品的新鲜度。现普遍使用的方式是冷库保鲜，但随着人们对深层海水认识的加深，利用深层海水来进行水产保鲜越来越受到人们的青睐。保鲜方式主要分为以下几种。

1. 冷海水保鲜

在水产保鲜中，需要格外重视的是关于中小型渔船的制冷和保鲜问题。一般来说，中小型渔船是指长度低于或等于 25 米、动力不超过 300 千瓦、可以容纳 5～12 人连续进行 15 天内近海作业的渔船[①]。如果是进行远洋航行，大型渔船会配备相应制冷设施，但是由于 100 吨以下的中小型渔船柴油机动力有限，导致

① 高千和．基于 CFD 的中小型渔船阻力性能研究［D］．大连：大连海洋大学，2018.

没有足够的能源和空间使用压缩式制冷机，因此，这些中小型的渔船每次在进行出海作业时，还需要额外携带足量的冰块来对所捕获的鱼产品进行保鲜。我国目前已经有20多万艘中小型渔船，但是其中的绝大部分都是普通渔民所拥有的渔船，因此，不断提高渔获物的保鲜质量，提升沿海地区渔民的经济收益，对于改善沿海地区渔民的生活水平意义重大。在长期的近海捕鱼中，渔民对于所捕获的鱼类，一般都利用冰敷法来对其进行保鲜。但随着现代渔船作业方式的不断调整和变化，捕鱼工作不断朝着长时间、远距离、深层次、高质量的方向发展，传统的带冰保鲜方式已经无法满足现代渔业生产的要求，消费者也倾向更新鲜优质的产品，于是，冷海水保鲜方式应运而生。具体方法是，将所捕获的鱼类放在0℃左右的冷海水里进行冷藏。一般来说，如果需要在短时间内冷却大量浅层渔获物，最合适的办法便是用深层冷海水来进行保鲜，此外，在渔获量高度集中的围网作业船上，冷海水保鲜更能发挥巨大的作用。最早利用冷海水进行保鲜的地区是北美，因为这种方法具有冷藏效果好、方便快捷的优点，多次出现在联合国向各国推广使用的保鲜技术名单上。过去在渔船上获得保鲜用的冷水所采用的方法是，使用制冷设备来抽取海水，然后将其与制冷机中的冰块进行混合，得到适宜温度的冷水。而现在新型的冷海水保鲜技术是就地抽取深层冷海水进行保鲜，深层海水具有恒定的低温性，且纯净无污染，将深层海水用在水产品保鲜上，能够提高渔民所捕获鱼类的质量，使其更加鲜美细腻，且使用深层冷海水保鲜船上不用携带制冷设备，减轻了中小型船只出海的负担。但深层冷海水保鲜也有许多待改进的方面，如深层海水取用设备的高效便捷化问题、深层海水高含盐度对鱼体渗透问题等，这都将是当前及今后需要进一步研究的课题。

2. 微冻和加冰保鲜

生鲜产品在运输流通过程中，一般采用微冻和加冰的方式来保持新鲜度，在制冰过程中，为了降低冰点以获得更好的保冷效果，会在水中加入约3%的盐，这样冰块维持时间较长。但随着人们对深层海水的了解和研发日益深入，利用深层海水制冰引起了人们的关注。相比于传统的淡水冰，深层海水制冰不仅节省电力和淡水资源，而且还能将保鲜温度再降低3℃左右，利用深层海水微冻和加冰保鲜能显著提高生鲜产品尤其是海产品的新鲜程度，无论是在渔船上还是在各类商品运输流通中都有相当的应用空间（图4-3）。

图4-3　微冻和加冰保鲜

3. 冻结保鲜

由于受储存时间限制，无论是冷水、微冻还是加冰保鲜均只能应用于鲜活水产品，储存时间较短。实践结果表明，在一定条件下，水产品温度愈低，愈有利于其自身的长期储存，而这个温度并不是单纯的降低几摄氏度就能达到要求。如果把水产品放在－12℃的环境下，尽管细菌的增殖速率已经降低到很小的水平，但事实上，酶和非酶的反应依然在发生，所以至少要把温度降低到－18℃才能达到长期储存保鲜的效果，这就是冻结保鲜（图4-4）。冻结保鲜必须将水产品体内九成以上水分冻结成冰，使其彻底失去生物活性，这大大延长了保存时间，部分产品甚至能在此环境下储存半年之久，此方法不仅可以轻松满足远洋捕捞作业的需求，还可以长时间定格水产品品质，因此在大型船只远航过程中广泛使用[①]；冻结保鲜同时也在水产品进出口等长时间、标准化流通过程中普遍使用，冻结保鲜的技术也在不断更新。现有渔船上的双级制冷压缩机组，可以将刚捕获的鱼装入鱼盘后送入冻结机进行速冻，当鱼体温度降至－15℃时，将其移至鱼舱内贮存，并保持鱼舱温度低于－18℃，整个冻结时间不超过7小时，从而能够更好地保证鱼体的品质。现在越来越多的个体和商户都在考虑利用深层海水冻结保鲜（图4-4），深层海水低温洁净，且营养少菌，会使水产品的品质更佳，但现阶段深层海水冻结保鲜应用还未深层应用，期待未来更大范围的推广。

图4-4　冻结保鲜

第二节　水产养殖、农业与食品开发

一、深层海水养殖

（一）培养浮游植物

浮游植物的概念是从生态学上来进行划分的，它是一种微小植物，一般指漂浮在水中的各类微小浮游藻类，其中包含蓝藻门、绿藻门、硅藻门等八个类型的浮游种类（图4-5）。浮游植

① 朱世新，谢晶，郭耀君，等．渔船用冷冻冷藏系统的研究进展［J］．食品与机械，2015，31（3）：251-255.

物素有“海洋牧草”之称，是海洋中各种鱼类及动物直接的食物来源[①]，在水域生产性能方面具有十分重要的作用，尤其是与渔业的生产密切相关，世界上著名的渔场都处于藻类丰富的海域。藻类可以肥沃水质，同时也是鱼类、贝类和虾等生物的重要饵料。在这几类浮游植物中，也有许多可食用的藻类，如裙带菜、紫菜、石莼等，它们分别属于褐藻门、红藻门和绿藻门，其中，褐藻门的副产品褐藻胶在食品、造纸、化工、纺织工业上的用途也十分广泛。

图 4-5　多样的浮游藻类

在海洋的深处，因为长期处于很少没有太阳光直射的状态，从而导致有机物合成速度较为缓慢，但其的分解进程不受阳光影响，相比之下速度要快得多，同时，在有机物进行分解过程中，会产生大量的无机盐、矿物质等营养成分，其中氮、磷的含量最高，其是表层海水的数十倍，这为深层海水培养浮游植物提供了有利的条件。因此，浮游植物的培养液可以尝试利用深层海水来配置，从而达到提高藻类生产力、改良藻类代谢途径等方面的目的。

已经有部分的学者对深层海水养殖浮游植物进行研究，并设置对照实验，采用一株相同的海藻，分别放置在营养强化的浅层海水和直接抽取的深层海水中，同时进行养殖，结果显示，在实

① 莫爵亭，宋国炜，宋烺．广东阳江“海上风电＋海洋牧场”生态发展可行性初探［J］．南方能源建设，2020，7（2）：122-126．

验同时进行了3周之后，用深层海水养殖的这部分海藻更健壮，其蛋白质含量比在营养强化的浅层海水中培养的海藻要高出许多。这是一个令人可喜的发现，采用深层海水培养浮游植物可以提升其综合指标，获得更高品质的产品。日本在此方面展开了一定的应用，其相关政府部门十分重视深层海水的利用问题，在整个日本，已经有北海道、东京、静冈、鹿儿岛、千叶、三重、冲绳等地开展了对深层海水的研究，并已经具备了抽取深层海水和建设相关设施设备的能力，在多处试点开展龙虾和虾苗的人工养殖以及微小藻类的精细化培育工作，同时积极探索深层海水综合利用试验，将深层海水用于浮游植物的养殖，等试验池中浮游植物发展到一定数量以后，将贝类、鱼类、牡蛎类等生物放入其中，组成较为完整的生态循环系统，不需要再额外添加肥料。该系统运行一段时间后发现，其中喂养的牡蛎的生长速率是表层海水中同类的3倍，6个月内就可以达到出售标准，浮游植物的生长速度和品质均提高了接近一半，同时养殖废水还可用于种植高产卡拉胶和琼脂等化工产品的海草，实现深层海水中的营养物质向人类可利用的物质和能量的转换，经济效益十分可观，有一定实践的可能性。

此外，利用深层海水可以养殖一些原本不存在该地区的浮游植物。例如，处于炎热地带的美国夏威夷深层海水开发实验基地，就通过低温的深层海水培育了一批海带，而这些海带原本只存在于日本北海道一带的寒冷水域中，并且因为深层海水含有丰富的营养物质，这些海带生长十分迅速。

浮游植物还有一个强大的功能，它可以大量吸收空气中的二氧化碳，从而减少温室气体的排放。在日本，二氧化碳等温室气体每年的排放量高达3亿吨，其中约三分之一的碳排放来自火力发电厂所排出的废气。因此，日本的东北电力公司，把发电厂所产生的废气排入到有藻类生长的海水中，利用藻类自身的光合作用来吸收废气中存在的二氧化碳，从而不断减少空气中二氧化碳的排放量，同时也提供给藻类丰富的养分以促进它们的生长。这是一举两得的好事，如果能抽取深层海水在岸上进行人工藻类培育，获得更高品质的藻类，不仅为远离海洋的发电厂提供了废气解决方案，而且还可以降低近海发电厂处理废气的成本。

（二）养殖海洋鱼类

海洋领域的科学家们发现，海洋深层中的海水，因为受到海底地形和气候条件等各方面的影响，会自然地涌升到海面上来，这种现象被称为“涌升海面”。出现这种现象的区域只占据全球海洋面积的千分之一，但就是这千分之一的海域却是全球 60％以上鱼类资源的集中地。这一度令人们费解，经过探索，科学家终于找到其中的奥秘，就是深层海水。当营养丰富的深层海水涌上海面后，浮游植物和藻类得以茁壮成长，这是肥沃的饵食，对鱼类有相当的吸引力。调查显示，相同面积涌升海域的鱼类密度是外洋海域的 7 万倍，差距相当明显。涌升海面对于养殖海洋鱼类的益处是毋庸置疑的。目前，在日本，海洋领域的科学家们正在对人工涌升海域这方面进行研究试验，其方法是在海底建成人工山而使海水涌升，尽管实验面积只有 1 平方千米，但它的意义是十分巨大的。若将来能进行大批量涌升海面的人工制造，就可以充分地开发深海的海水，可能会为海洋渔业带来新的生机。

在过去的海洋渔业生产中，养殖海平面 30 米以下的鱼类就是难以解决的问题，但随着深层海水利用的普及，这一难题就迎刃而解了，其中特别是低温鱼的养殖问题。日本富山县在 20 世纪 90 年代就开始尝试用深层海水养殖低温鱼，首先试验的是三文鱼养殖，其培养温度在 8～12℃，深层海水完全满足其生长要求，试验成功后将此方法推广开来，养殖业得以迅速发展。到了 90 年代末，全球 95％的三文鱼都来自人工养殖，此后又利用深层海水实现了大西洋鲑鱼、比目鱼等低温鱼类的养殖，同时，由于深层海水远离化学污染物，且病原菌较少，用深层海水养殖浅层海水鱼类可大大提升它们的品质，还可有效避免养殖鱼类感染疾病，可有效地提高鱼卵孵化率和仔鱼活力，避免防疫人工、药品和设施资源的投入。

此外，深层海水的低温性和稳定性，可以提高水产品存活率。科学家们曾进行过一项实验，即将深层冷海水添加到养殖池中，使冷热水混合，维持在 20℃左右，来对龙虾进行养殖，这样，不仅能使龙虾改变季节性穴居行为，其营养丰富的生存环境更能缩短龙虾生长周期，从而大大提高龙虾及虾苗的成活率。不仅是龙虾，其余水产品也能通过深层海水模拟其成长环境，提高生存率。在美国夏威夷深层海水开发实验基地的研究人员，利用深层海水养殖了鲍鱼、海胆、大马哈鱼等外地水产品，为当地的高级餐厅提供了优质的菜肴原料。

深层海水对于鱼类的养殖有着得天独厚的天然优势，未来可以设想建立海底牧场。以前，人们的生态保护意识较弱，大肆从海洋中捕捞鱼类，忽视了这种做法对海洋生态平衡所产生的破坏。现在出现了海底牧场的概念之后，人们会有计划地培育和放养海洋渔业资源，与此同时，人们用功能齐全的吸水装置取代了传统渔民们使用的渔网，这些装置是采用光、频率和特殊化合物，对鱼类进行特殊诱导使之集中起来，并游进人们提前放入的吸水管道，然后将其一起全部吸进船舱中。到目前为止，美味的海鲜再也不是人们餐桌上的奢侈品了。

2018 年，我国提出了质量兴农的发展战略，并在中央 1 号文件中将“统筹海洋渔业资源开发，科学布局近远海养殖和远洋渔业，建设现代化的海洋牧场”作为发展海洋渔业的纲领①。如

---

① 杨红生，杨心愿，林承刚，等．着力实现海洋牧场建设的理念、装备、技术、管理现代化 [J]. 中国科学院院刊，2018，33 (7)：732－738.

何科学设计、规划海洋牧场已经成为发展海洋产业的热点。而在温差能发电系统中，抽取深层海水是十分重要的一环，深层海水中无机盐、微量元素和矿物质含量高，若使用深层海水培育和养殖海洋鱼类，有利于加速它们的成长，所以，不妨考虑同时发展海洋温差能和海洋牧场，从而达到不断提高海洋渔业资源的产量，以及持续促进深层冷水资源利用率的目的。2018 年 5 月，我国首个智能渔场“深蓝 1 号”已经在山东日照成功下水，倘若这一个设备能够有效地结合温差能发电，充分利用智能渔场，其所产出的电能和淡水，能够用于工作人员的日常生产和生活，并且其中所抽取的海洋深层部分的冷水又能用于养殖渔场的渔业资源，就能形成高效、可持续的深层海水利用系统。

二、农业与食品开发

（一）农业灌溉

海洋深层海水中含有丰富的营养物质，且水质稳定、清洁少菌，通过一定的处理和浓度调配后，能够用于农作物的种植，具有不断改善农产品质量、提高作物产量的作用。日本的科学家对深层海水的应用研究十分重视，最近又取得了新突破，据《日本农业新闻》报道，日本静冈县的农业试验场通过实验证明，海洋中深层海水能够起到增加蔬菜的含糖量、提高其产量、促进作物生长的效果。该农业试验场从约 700 米深处抽取海洋深层部分的海水，将其用于浇灌蔬菜，并且他们每周都将抽取出来的部分深层海水用20 倍的普通水进行稀释，然后再给番茄进行浇灌，试验结果显示番茄的收获期比普通栽培提前了约 10 天，含糖量增加了 4%，产量增加了 1.5～2.7 倍。同时还对草莓进行了试验，将抽取出来的部分深层海水用 30～50 倍的水进行稀释之后，再将其用于浇灌草莓苗，发现草莓生长格外旺盛，其果实特别鲜美。试验还发现，深层海水对其他蔬菜的发芽、生根、生长发育都有明显的促进作用，可以大大增加小松菜、菠菜的产量，如图 4-6，还可提高番茄、葡萄等果实的成色。将经 20 倍甚至 50 倍稀释的深层海水用于牧草、大豆、胡萝卜、水稻等的养殖，其中富含的矿物离子可明显提高产品的营养价值。

图 4-6　深层海水浇灌的日本小松菜

经测定表明，海洋深层处的海水中富含近百种矿物质和微量元素，且水质比较稳定，因而具有促进作物生长发育和改善作物品质的作用，未来深层海水与农业领域结合有更多的可能性，日益发展的深层海水批量提取技术为高品质的农作物生产提供了可能。许多国家关于未来深层海水与农业有很多畅想，他们都希望能够把田园“搬”到海洋中去，建立海底田园，这样就不需要进行作物的灌溉，省时高效，到那时，将会有很大一部分农民的工作性质发生改变，他们会从耕田转变为“耕海”。而在海底的田园中，他们种植的将再也不是水稻和小麦等陆地作物，而是像海藻和海草之类的浮游植物。在丰收的季节到来之时，这些藻类植物在收割下来之后，可以给陆域上饲养的牛、猪、羊等家禽提供饲料。这些海洋藻类植物富含许多易于吸收的蛋白质等营养元素，因此用这些植物喂养牲畜，其营养价值比普通肉类食品更高，毫不夸张地说，海底田园的单位面积产量，同陆地的农田相比较，前者要高出100多倍。所以，在不远的将来，农民在海洋中工作会比在陆地上更加出色和有效。

（二）食品开发

在地球丰富的海洋资源中，绝大多数海水属于深层海水，占比约为95%。由于多种化学物质和环境问题的影响，表层海水的污染日渐加重，而深层海水存在于海洋中下部，通常是指，距离海平面200米以下的地方。而在海洋200米往下的这部分海底水没有受到工业废水和生活污水的影响，也没有与其他江河湖水交流，因此，可以说深层海水基本是没有受到污染的水。在海水晒盐实验中，天然的盐都不会是纯白的，相反会稍微带点其他颜色，但是采用海洋的深层海水制作的天然盐，却没有任何的杂质，看起来洁白又有光泽。深层海水接触到的阳光很少，其中大部分无机盐因未参与光合作用而被保留下来，经过千百年的积攒均匀地分布在深海中，其营养浓度相当高，成分十分稳定。最重要的是，其化学组成与人类的体液十分接近，用它制造药品、食物，对人的健康是十分有利的。

深层海水洁净且富含高级营养成分，矿质元素均衡，使得它在食品领域表现优异（图4-7）。深层海水的优点之一是可提高酵母活性，这些无机盐离子会影响食物发酵过程，并促进微生物产生有利于人体吸收和利用的物质，使得产品更加醇和、爽口，这使得它在食品行业普遍应用。例如，在日本高知县，深层海水被应用于豆腐、酱油、咸菜等食品中，可大大缩短发酵时间，食品口感相较于普通发酵更香甜可口，在此地有一家以生产清酒而闻名的“仙头造酒厂”，开发出了口味柔和的清酒饮料。他们从海平面200米下抽取深层海水，并利用现代技术制造一种薄膜，这种薄膜具有逆向渗透的功能，对海水进行深度过滤之后，得到所需要的深海淡水，此外，再加入约千分之三所抽取的深层海水，然后进行密封发酵，以此方法生产出一种特殊的清酒，口感柔和、质量上乘，且酒中的酵母能一直保持活性。现在也有较多公司利用深层海水开发出新型饮料食品，例如商业化的矿泉水、酒类、冷饮等，市场前景良好。高知县东部的室户深层海水利用协会，开发出一种带有柚子、蜂蜜等水果味的深层海水饮料，其中含有3%的深层海水，味道爽口，在市场上很畅销。除此之外，深层海水还可开发食用盐、饼干、面包、年糕、方便面等食品。日本在深层海水开发利用方面尤为出色，海水开发利用逐渐规模化和产业化，不断发展形成了一类深层海水相关的产业，创造了巨大的经济效益。

图4-7　深层海水制作的清酒、豆腐、饮用水

台湾东润水资源公司在深层海水利用领域已探索多年。该公司2005年率先投放了两支HDPE双壁波纹高层深水管，抽取深度近700米，2016年公司团队成功攻坚克难，研发并投放16吋[①]大口径的高压深层水管，让日本及欧美的同行大为赞叹。东润公司目前已开发出深层海水微量元素矿物质浓缩液等一系列产品，还在食品领域积极进取，其利用深层海水制作而成的豆腐、麻薯、酸白菜、香肠、啤酒、高粱酒、果醋、红麦酒、蜂胶等产品十分受欢迎。此外，该公司还使用这些海水来对台湾鲷鱼、鲑

① 吋为非法定计量单位，1吋=1英寸=2.54厘米，下同。

鱼、白虾等进行培育和养殖，并培育日本桔梗花、巴西蘑菇等农作物和藻类产品等。

第三节　医疗保健应用及未来开发

一、医疗与保健

（一）保健用途

深层海水是海洋的精华，洁净的深层海水在保健方面的用途也不容小觑，特别是其在护肤、化妆、洗护、修复等领域有着不可比拟的优势。

据国内外深层海水开发机构研究，在洗护用品研制过程中，加入微量的深层海水能提升产品清洁力，而且还有一定的润肤效果，目前已在化妆品、洗发露、沐浴露等产品中进行尝试。这也引起了诸多日用品公司的浓厚兴趣，台湾东润水资源公司利用深层海水研制的洁面乳、沐浴盐、化妆水、面膜等产品都有颇好的反馈，深得消费者喜爱，众多化妆品制造商还打算利用深海海水研制全新美容产品，这将是一个潜力巨大的市场（图 4－8)。

图 4－8　深层海水护肤品

深层海水对皮肤有着尤为神奇的功效，根据分析，与表层海水相比而言，海洋中深层海水矿物质的浓度比前者高出 4 倍，但其细菌含量却相当少，不到前者的 1/10。有研究证明，利用海洋深层处的海水可以有效缓解皮炎湿疹综合征，在使用了深层海水来治疗这些患者后，炎症、苔藓化、开裂等症状明显减轻，皮肤有了很大的改善。在日本高知县医科大学，他们的研发团队搭建并打造了规模巨大的深层海水洗浴室，利用配制的海洋深层海水对过敏性皮炎病患进行治疗，结果表明，这些患者的皮肤症状有一半以上都得到了很好的缓解。在高知县医科大学附属医院，医生们把这一系列实验成果应用于具体的临床实践中，已经开始使用这种特殊处方为患者进行过敏性皮炎的治疗。此外，海洋深层水可以改善皮肤症状，如水肿、红斑、干燥、瘙痒、表皮水分流失、表皮厚度减少和炎症细胞浸润等，为了满足患者需求，已有部分医院和深层海水研发机构将深层海水装入塑料瓶内寄送，供过敏症患者治疗皮肤疾病。

（二）医疗应用

微量元素在人体内的含量尽管非常低，但与人类健康密切相关，很多人体疾病都是由于微量元素的缺失或失衡所致，深层海水所蕴藏的丰富矿物质和微量元素可为人类疾病的治疗提供新的突破口。近年来，医疗健康一直是人们关注的热门话题，而深层海水的营养稳定、无菌纯净性也十分契合临床药用的要求，科学家们创新地将深层海水引入医疗应用中，为药物多样化和临床治疗提供了更多可能。

深层海水在心脑血管疾病治疗方面有着显著的效果，海洋深层水可降低血液中总胆固醇和低密度脂蛋白胆固醇，降低血脂过氧化物，从而提高高密度脂蛋白（HDL）的水平，具有预防高胆固醇血症和非酒精性肝脂肪变性的作用，对动脉粥样硬化和心血管疾病具有保护作用。此外，还有研究显示，饮用海洋深层水能够改善葡萄糖耐受性并抑制高血糖症，具有治疗糖尿病的能力，深层海水的抗糖尿病特性与镁和钙等矿物质离子的丰富存在有关，它可以调节乳酸代谢，用于在日常生活中预防或治疗肥胖症和糖尿病。研究还发现海洋深层水对糖尿病大鼠肝细胞凋亡中的有益作用，这是个重点研究方向，期待未来相关医疗难题的突破，并能尽快应用于临床试验。令人惊喜的还有深层海水在缓解疲劳方面的功效，经过处理的深层海水浓缩液无机营养丰富，在经过剧烈运动之后，能够用来补充运动中所流失的矿物质，在抵抗疲劳方面有显著的效果，它可以通过改善运动负荷来增加人的运动耐力和持续时间，并且加速人们身体疲劳的恢复，消除运动引起的肌肉损伤，并能增强肌肉的抗氧化应激能力，是舒缓减压的好帮手。

深层海水在医疗领域的研究起步较晚，但发展潜力巨大，国内外不少学者都在从事相关方面的研究。Machira 等对小鼠进行试验，研究可溶性硅化合物和深层海水对其骨质的生化性能及相关基因表达的影响，研究表明，海水中的硅含量随着深度而增加，600 米以下的深海中硅含量是表层海水的近 140 倍，深层海水能改善小鼠的骨生化指标，促进成骨细胞和破骨细胞的增殖和代谢，此项研究表明，深层海水中硅元素含量丰富，可作为防治骨质疏松的有效手段①。日本的太井秀行等学者，通过研究发现，海洋中深层部分的海水里含有十分丰富的矿物质等营养元素，用这些海水所制成的饮料对血液的流动性能够起到良好的改善作用，尤其是镁离子，能有效预防下肢深静脉血栓的形成。Lee 等学者主要研究了海洋中的深层部分海水在治疗大肠腺癌的发生和转移过程中所起的作用，其研究结论表明，深层海水通过抑制

① F Maehira，Iinuma Y，Eguchi Y. Effects of soluble silicon compound and deep-sea water on biochemical and mechanical properties of bone and the related gene expression in mice [J]. Journal of Bone&Mineral Metabolism，2008（26）：446 - 455.

环氧化酶、尿激酶型纤维蛋白溶酶原激活物及其受体、转移生长因子在人体大肠腺癌细胞中的表达，从而阻止癌细胞的扩增和转移。此外，中国海洋大学何珊通过研究指出，在高血脂和2型糖尿病等综合代谢疾病中，深层海水有着预防和缓解作用，深层海水中拥有丰富的矿物质，在帮助人体糖脂代谢和抵抗胰岛素方面，能够做出较大的贡献，而锰、锌、硒、铬等微量元素则进一步加强了预防效果[①]。与此同时，国内外研究结果还表明，海洋中深层部分的海水所含有的矿物质或微量元素等营养元素，在抗氧化、抗炎症、抗凋亡等方面，能够起到较大作用，但未进入临床阶段，期待未来深层海水在医疗保健领域能有更深入的研究和应用。

二、深层海水进一步开发利用

深层海水具有洁净、稳定的特点，深海水体中的悬浮微粒浓度非常小，与表层海水相比，只有它的七分之一，其自身的深度可以让它免受病原体和环境激素等物质的影响，所以它是一种十分清洁的水源。由于深层海水的低温性，使它在多个领域具有重要用途：没有太阳的直射，深海的温度相对于地表的温度要低得多，通常在10℃以下，海水越深，则温度越低，在海平面1 000米以下水温趋于稳定，维持在4～6℃。深层海水在高压环境下经过了数千年的沉积，由于太阳照射不到，深海中无法进行光合作用，所以大部分生物为异养型，基本不与外界、浅水区进行交流，因此生物的活跃程度不高。同时，深层海水富含营养，其中大量的无机盐因未参与光合作用而被保留下来，如钙、磷、钾、硫、镁等种类丰富的矿物质均含量极高。总的来说，深层海水的特性也赋予了它在各个领域的不同用途，开发潜力巨大，是一个

① 何珊．海洋深层水对代谢综合征预防作用的初步研究［D］．青岛：中国海洋大学，2012.

名副其实的微量元素大宝库。

（一）国内外深层海水开发利用现状

迄今为止，最早提出对海洋中深层部分的海水进行开发和利用的国家是美国。早在1970年，美国的Gerard和Roels这两位科学家，就提出了可以采用深层海水来进行水产养殖、发电等想法。在1974年，美国在夏威夷成立了自然能源研究所，该机构主要是研究如何利用海洋中海水的温差来进行发电的技术。在1984年，该地政府将其研究所改名为“自然能源实验室”。此外，还一并成立了“夏威夷科学技术园区”，主要以海洋中的深层海水为研究对象，从事多目标、多层次、多领域的开发和利用研究。目前，在深层海水领域，美国拥有了十分丰富的研究成果，包含农业、水产、食品、工业冷却等许多方向。

而要谈及世界上在对海洋中深层海水进行规模化、产业化发展过程中最为成功的国家，毫无疑问是日本。日本最早采用海洋中深层海水来制作食用盐、饮用水等，从初级工艺开始探索，然后不断地升级转型，开始利用深层海水来制造饮料、化妆品，进行食品和酒类的加工、水产养殖、农业灌溉、医疗保健以及建设洗浴设施等，这些都见证了日本在海洋深层水产业的步步深入。日本各届政府也大力推动海洋深层水产业的发展，1995年政府设立“海洋深层水对策室”专门指导海洋深层水的发展。在深层海水利用及开发方面，日本的高知县、富山县和冲绳县是在这个领域的发展中最为成功的几个县。到目前为止，日本产能最大的两条取水线就位于其中的冲绳县，日取水能力达13 000吨，且其商业化进程十分迅速，2007年日本海洋深层水应用产业盈利额已达到4 000亿日元[①]。

---

① 丁娟．日本深层海水产业化发展动向及对我国的启示［J］．海洋开发与管理，2011，28（7）：83－89.

韩国从20世纪90年代开始研究深层海水应用，自从进入21世纪之后，其发展速度显著提升，并在2008年建立了国家海洋深层水研究协会，在进行深层海水开发利用的可行性研究方面，主要由政府出面来进行主导。同时，韩国政府还制定并实施了海洋深层海水领域的发展规划，颁布了关于深层海水开发和管理利用的相关法律。韩国的海洋研究院采用招投标方式，共选择了8家企业一起参与到海洋深层海水试验品的研发当中来，韩国海洋深层海水市场已经形成较大的规模①，截至2013年，其产值已达到10亿美元左右。

我国台湾地区海域中深层海水主要源于台湾东部的花莲外海，相关研究指出，在“黑潮”影响下，北赤道洋流在经过马里亚纳海沟的过程中，因为遭遇到强烈“涌升流”的持续牵引，从而将大量矿物质等营养物质带到台湾东部的海岸上。此外，在台湾东部的海底中，其地势十分陡峭，有助于带动深层海水产业的持续发展。2000年，在台湾深层海水资源利用及产业发展政策纲领的指导下，台湾地区开始对海洋深层海水进行有序的规划利用，并重视对水产生物育种的研究。此外，自从2005年起，台湾开始对多项深层海水研究项目进行扶持，如水质环境监测与质量信息管理、医疗原液提取、矿物质浓缩制取等热门项目都得到了一定的资助。到目前为止，已经有多家企业计划进入到该市场，把深层海水产业作为未来经济转型和发展的新动能，预计将投入高达数十亿元台币的发展基金。此外，台湾地区的经济部门也明确表明，未来将不断扩大关于海洋深层海水的开发利用力度，并且计划用深层海水来培育台湾中部地区著名的低温花卉产业，开展精致温控农业。毋庸置疑的是，这些仅仅只是关于海洋

① 李明杰，李军．国外深层海水开发利用现状及未来我国开发设想［J］．海洋开发与管理，2012，29（5）：52－55.

深层海水开发和利用过程中的第一步，我们坚信，在经济快速发展的21世纪，关于农业和养殖业方面，海洋深层海水的开发利用将会发挥出更大的价值。

与其他深层海水开发利用较早、发展较快的国家（地区）相比而言，我国大陆地区在进入21世纪，尤其是2010年之后，才开始真正地对深层海水资源重视起来。因为缺少深层海水大型抽取设备和研究机构，从而导致许多与此相关的研究和开发应用等发展十分缓慢。虽然我国目前已经研发出了海洋功能瓶装水、美容护肤品等海水产品，但是尚未形成成熟和完善的商业体系，离实现真正的深层海水开发和利用的规模化、产业化还存在一定的距离。

（二）未来的深层海水利用

党在十九大报告中明确指出，要“坚持陆海统筹，加快建设海洋强国”。虽然在过去的数十年当中，我国的海洋经济得到了快速的发展，但是同世界上其他海洋经济较为发达的国家（地区）相比较而言，还是存在着一定差距，海洋深层海水资源的开发技术和投入十分不足。美国、日本等国的成功开发案例均已证明，深层海水具有巨大的资源价值和经济效益，但是目前我国在有关深层海水的开发和利用技术方面有所欠缺，仍然局限在海洋表层部分的海水抽取和利用上，比如海水制盐、海水淡化等，对海洋深层部分的海水开发和利用的研究方面，并没有得到足够的重视，此领域的相关技术、装备制造及产品开发水平仍然有待进一步提高。

充分推动深层海水开发应用普遍化，还有许多难题亟须解决，其中最让人一筹莫展的是，目前海洋中深层部分的海水实际开发和应用成本非常高。首先，应制定合理的综合利用规划，对深层海水这种开发难度高的资源，进行最大程度的价值开发和利用，这是迫在眉睫的问题。其次，与石油和煤炭等传统能源相比较而言，深层海水虽然利用效率不高，但是它属于绿色清洁能源，对环境无污染，是环境友好型资源，与此同时，它还是一种可永久再生的资源，但在深层海水开发利用中，不可避免地会对周围生态环境造成一定的破坏，如何正确平衡二者关系，是研究海洋中深层部分的海水开发和利用领域所面临的一个难题。到目前为止，仍然没有弄懂海洋中深层部分的海水的全部成分和相关的物质特性，并且它们如何在食品的制造过程中产生影响以及对人体发挥的具体作用，把握这些问题对未来推动深层海水产业系统发展将起着重要的作用。

作为我国四大海区中水位最深的海区，南海地区的平均水深约为 1 000 米以上，该地区不仅油气资源十分丰富，并且海洋中深层部分海水的资源也令人震惊，拥有巨大的开发及利用潜力。海南岛东南部、西沙群岛等地区，自然条件优越，十分有利于抽取深层海水。对于海洋深层海水的开发利用，不但可以推动与之相关的科研领域的技术发展，还可以带动该地区的海洋经济不断朝着海洋高新技术产业的方向发展，从而持续改善沿海区域人们的生活水平及生活质量。

因此，在我国开展深层海水资源调研工作已经刻不容缓，要从我国具体国情出发，切合实际地分析问题。今后我国海洋深层海水的研究与开发利用工作主要着眼于以下五个方面：

（1）系统地开展我国海洋中深层海水的可利用区域与相应资源分布、调查的相关研究。

（2）有针对性地对深层海水所设置的取水点以及相应取水工程的可行性、可操作性进行充分的调查和研究论证。

（3）搭建深层海水开发和利用的相关研究基地，并进行规模化、产业化试点，促进产学研相结合，实现深层海水产品产学研一体化目标。

（4）积极推动深层海水产业发展，加大应用产品研发力度，提高深层海水制品的附加值。

（5）统筹规划研发进程，在维护海洋生态环境的前提下，多层面、全方位地发掘深层海水潜能，期待未来深层海水能走进百姓的日常生活，通过科技的力量赋予人们更多幸福感。

第五章　海水资源的开发与保护

本章重点讲解海水资源的开发与保护需提防的行为以及如何保护和合理利用海水资源。首先，海水开发需提防排放污水、原油污染和海洋垃圾等行为。其次，应从增强海洋资源保护的意识、制定海水资源开发利用政策、提高海水资源开发利用水平等方面，来积极开发海洋可再生能源和合理利用海水资源。本章将从政治、安全、经济、可持续发展等视角系统分析海水开发过程中需要提防的行为以及如何保护和合理利用海水资源。

第一节　海水开发需提防的行为

一、排放污水

海洋中有着各种各样的水生动物和植物。生物与水、生物与生物之间进行着复杂的物质和能量的交换，从数量上保持着一种动态的平衡关系。但在人类活动的影响下，这种平衡遭到了破坏。中国海洋总污染量的80%来自陆地，每年仅沿海工厂和城市直接排入海洋的污水就多达上百亿吨。在各种海洋污染中，污水排放是对海洋生物危害最大的。当人类向水中排放污染物时，一些有益的水生生物会中毒死亡，而一些耐污的水生生物会加剧繁殖，大量消耗溶解在水中的氧气，使有益的水生生物因缺氧被迫迁徙他处，或者死亡。特别是有些有毒元素，既难溶于水又易在生物体内累积，对海洋生物及人类造成极大的伤害。如汞在水中的含量是很低的，但在水生生物体内的含量却很高，在鱼体内的含量又高得出奇。假定水体中汞的浓度为1，而水生生物中的底栖生物（指生活在水体底泥中的小生物）体内汞的浓度为700，鱼体内汞的浓度更是高达860。由此可见，当水体被污染后，一方面导致生物与水、生物与生物之间的平衡受到破坏，另一方面一些有毒物质不断转移和富集，最后会危及人类自身的健康和生命。

（一）污染现状

根据生态环境部发布《2020年中国海洋生态环境状况公报》的资料显示，2020年我国海洋生态环境状况整体稳定。海水环境质量总体有所改善，典型海洋生态系统健康状况总体保持稳定，入海河流水质状况总体为轻度污染，海洋渔业水域环境质量良好。值得警惕的是，193个入海河流国控断面[①]总体为轻度污染，如表5-1所示，化学需氧量、高锰酸盐指数和总磷等指标时有超标，劣Ⅴ类水质断面比例为0.5%。“十三五”期间，尽管河口和海湾优良（一、二类）水质点位比例呈上升趋势，氮磷比失衡问题有所缓解，但是监测的多数河口和海湾生态系统仍处于亚健康状态，说明陆源污染超标排放现象还依然存在。四大海区中，东海污水排放量最多，其次是南海和黄海。

表5-1 2020年沿海各省区市入海河流断面水质类别比例及主要超标指标

单位：%

省份	水质状况	Ⅰ类	Ⅱ类	Ⅲ类	Ⅳ类	Ⅴ类	劣Ⅴ类	主要超标指标
辽宁	良好	0.0	22.2	66.7	11.1	0.0	0.0	化学需氧量、高锰酸盐指数

① 控制断面是指为了解特定污染源对水体的影响，为评价监测河段两岸污染源对水体水质影响状况，以控制污染物排放而设置的采样断面。国控断面是指国家环保部门确定及监控的水体水质监测断面，针对的是某一流域整体的水质情况。

（续）

省份	水质状况	Ⅰ类	Ⅱ类	Ⅲ类	Ⅳ类	Ⅴ类	劣Ⅴ类	主要超标指标
河北	轻度污染	0.0	8.3	41.7	33.3	16.7	0.0	化学需氧量、五日生化需氧量、高锰酸盐指数
天津	轻度污染	0.0	0.0	0.0	25.0	75.0	0.0	化学需氧量、五日生化需氧量、高锰酸盐指数
山东	轻度污染	0.0	13.8	24.1	55.2	6.9	0.0	化学需氧量、高锰酸盐指数、总磷
江苏	轻度污染	0.0	6.5	64.5	25.8	3.2	0.0	化学需氧量、高锰酸盐指数、总磷
上海	优	0.0	100.0	0.0	0.0	0.0	0.0	—
浙江	良好	0.0	30.8	53.8	15.4	0.0	0.0	化学需氧量、五日生化需氧量、总磷
福建	良好	0.0	27.3	54.5	18.2	0.0	0.0	总磷、溶解氧
广东	良好	0.0	37.5	40.0	20.0	0.0	2.5	氨氮、化学需氧量、高锰酸盐指数
广西	优	0.0	18.2	72.7	9.1	0.0	0.0	氨氮、总磷、化学需氧量
湖南	轻度污染	0.0	38.8	36.8	15.8	10.5	0.0	高锰酸盐指数、化学需氧量、五日生化需氧量

资料来源：2020年中国海洋生态环境状况公报。

（二）存在问题

20世纪以来，工业迅猛发展，海洋开发的规模随着扩大，随之而来的是大量的生活污水、化学废弃物、有毒物品等排放入海。从世界范围来看，海洋的自净能力难以负荷，造成了日益严重的海洋污染。波罗的海持续发生沿岸缺氧现象，水底动植物大量死亡而成为荒漠；法国沿岸软体动物中多核致癌碳氢化合物的浓度为3.4 毫克/千克。由于各种有毒物质和放射性元素在海洋生物体内长期积累，在许多国家的大陆架浅海区，海洋生物大量死亡已成常态，因海水的污染，世界上 75%的鱼群已达到生存极限，生物多样性消失，环境污染和海滩侵蚀给沿海各国经济造成巨大损失。[①]

据世界资源研究所在《沿海生态》报告中指出，全球每 10 个人就有 4 个人生活在靠海岸 100 千米以内的地区。在这些许多人口密集的沿海地区，污染的海域有大量传染病毒，比如肝炎病毒、大肠杆菌等，严重影响了人们的健康和生活，沿海生态系统所受压力也随之增大。

国内的情况也不容乐观。据 2020 年海域情况调查，如表 5－2 所示，442 个日排污水量大于 100 立方米的直排入海污染源污水排放总量约为 712 993 万吨，其中综合污染源排放量最大，其次为工业污染源，生活污染源排放量最小。除铅外，各种污染物中综合污染源排放量均最大。化学需氧量等主要污染物排放量虽有所下降，但个别点位总磷、悬浮物和五日生化需氧量等指标存在超标情况。再者，部分入海河口和海湾水质仍待改善，河口海湾的生态健康状况不容乐观。主要体现在近岸海域劣四类水质面积同比增加1 730 平方千米，超标指标主要为无机氮和活性磷酸盐。

---

① 吴兴南．走向海洋——海洋资源的开发利用与保护［M］．北京：社会科学文献出版社，2017.

表 5-2　2020 年各类直排入海污染源污水及主要污染物排放总量

污染源类别	排污口数（个）	污水量（万吨）	化学需氧量（吨）	石油类（吨）	氨氮（吨）	总氮（吨）	总磷（吨）	六价铬（千克）	铅（千克）	汞（千克）	镉（千克）
工业	189	209 665	27 413	109.7	852	5 592	146	489.9	4 176	40.1	162.1
生活	56	78 961	17 561	86.6	536	5 661	124	148.5	5 488.6	35.4	50.8
综合	197	424 367	103 927	453.5	2 868	35 611	1 183	1 514.7	4 436.3	306.7	379.6
总计	442	712 993	148 901	649.8	4 256	46 864	1 453	2 153.1	14 100.9	382.2	592.5

资料来源：2020 年中国海洋生态环境状况公报。

（三）主要危害

根据《2020 年中国海洋灾害公报》统计数据显示，我国是世界上遭受海洋灾害影响最严重的国家之一。海洋开发过程中排放污水导致海区的生态环境持续恶化，受到污染的海水干扰、破坏生物的功能或者导致生物的游走趋避，从而导致海洋生态环境的蜕变。海水污染加剧了赤潮暴发的频率，而赤潮对海洋生态系统造成巨大的影响和经济损失，近岸海域环境质量下降、海洋生物资源持续衰退、生态环境恶化又是诱发赤潮的主要因素，如此恶性循环之下，生态灾害频发，严重危害了海洋生态系统和渔业资源。

赤潮是海洋中的一些微藻、原生动物或细菌在一定环境条件下暴发性增殖或聚集达到某一水平，引起水体变色或对海洋中其他生物产生危害的一种生态异常现象。2020 年，我国海域共发现赤潮 31 次，累计面积 1 748 平方千米；从时间分布来看，5 月是发现赤潮次数（8 次）最多的月份，4 月是发现赤潮累计面积（782 平方千米）最大的月份。其中，有毒赤潮分别发现于天津近岸海域和广东深圳湾海域，如图 5-1 所示。

从区域分布来看，东海海域发现赤潮次数最多（19 次）且累计面积最大（1 561 平方千米）。从沿海各省区市海域分布来

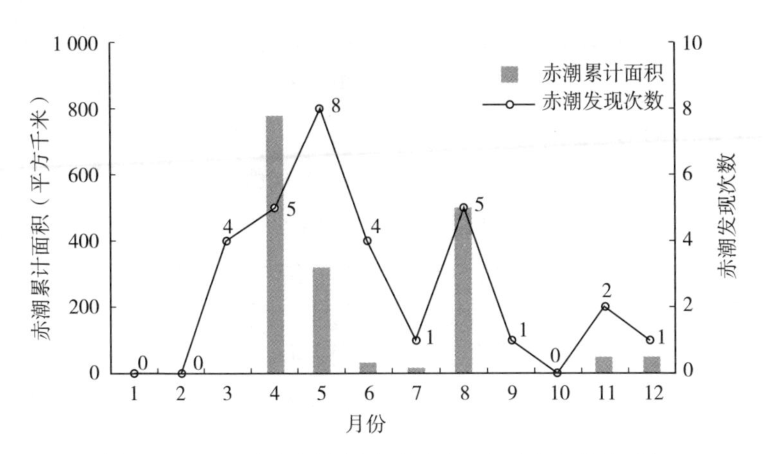

图 5－1　2020 年我国海域赤潮月度发现次数和累计面积

看，浙江省海域发现赤潮次数（8 次）最多且累计面积（1 528 平方千米）最大。根据 2020 年中国海洋灾害公报统计资料，我国各海域 2020 年发现赤潮情况见表 5－3。

表 5－3　2020 年我国各海域发现赤潮情况统计

发现海域	赤潮发现次数	赤潮累计面积（平方千米）
渤海海域	3	75
黄海海域	3	<1
东海海域	19	1 561
南海海域	6	112
合计	31	1 748

注：黄海海域赤潮累计面积为 0.000 95 平方千米。

资料来源：2020 年中国海洋灾害公报。

在一些极度缺乏降水、但又刚好临海的国家或地区，建立海水淡化厂是一种解决淡水不足的途径。但新的研究发现，世界各地的海水淡化厂排放的含盐度极高的污水可能比预期多 50%，海水淡化的潜在严重缺点，主要是高盐度海水和化学污染问题。

海水淡化后的副产品高盐度海水提高了海洋的盐度，同时有其他化学污染物，这对海洋生物和海洋生态系统造成重大风险。而高浓度盐水被排入海洋，海水含盐度进一步增加，当这个海域温度增加后，它们一起降低了溶解氧的水平，被称为“缺氧”，这会影响这个区域的水生生物。据英国广播公司 BBC 报道，《科学》杂志 2018 年 1 月初首次将近岸水域和公海缺氧问题合并研究，指出人类排放至海洋里的污水中的养分导致微生物成长，消耗海水中的氧气。全球变暖也令海水温度上升，氧气更难溶解到海洋里。有关数据显示，过去半世纪，公海中氧气含量为 0 的缺氧海水量上升了超过 4 倍。海岸水域（包括河口及海洋）的低氧区自 1950 年增加了 10 倍多。海水的含氧量降低不单对海洋生物有影响，对相关的人类产业也会有影响，例如在巴拿马，海水缺氧导致当地珊瑚大量死亡。

二、原油污染

原油污染是指石油开采、运输、装卸、加工和使用过程中，由于泄漏和排放石油引起的污染。例如，油田开发过程中的井喷事故；输油管线和贮油罐的泄漏事故；油槽车和油轮的泄漏事故；油井清蜡和油田地面设备检修；炼油和石油化工生产装置检修等。

（一）污染现状

根据《2020 年中国海洋生态环境状况公报》显示，2020 年，重点开展渤海油气区及邻近海域环境状况检测。符合第一类海洋水质标准[①]的海洋油气区比例较上年有所减少，海水中汞、镉含

① 按照海域的不同使用功能和保护目标，海水水质分为四类：第一类适用于海洋渔业水域，海上自然保护区和珍稀濒危海洋生物保护区；第二类适用于水产养殖区，海水浴场，人体直接接触海水的海上运动或娱乐区，以及与人类食用直接有关的工业用水区；第三类适用于一般工业用水区，滨海风景旅游区；第四类适用于海洋港口水域，海洋开发作业区。

量均符合第一类海洋沉积物质量标准，其中汞含量明显下降。“十三五”期间，符合第一类海水标准的油气区比例总体呈上升趋势。

为防止溢油污染海洋，我国也建立了自己的监测体系，开发配备了相应的围油栅、撇油器、收油袋等防污染的设备，科研人员还绘制了海洋环境石油敏感图，并建立了溢油漂移数值模型、数据库和溢油漂移软件。一旦发生溢油事件，有关人员在很短的时间内，就会了解溢油海域的污染情况及溢油的运行轨迹。渤海城北油田是我国建造的第一个固定式海上采油平台，它对含油污水的处理是通过隔油、浮选和过滤三个过程完成的，污水在通过斜板隔油器后，大部分原油被分离出来，再经过浮选器，使小油珠变成大油珠，被收油器收走，最后再经过过渡，使污水中的含油量低于每升 30 毫克，达到国家排放标准后再排到大海中。

（二）主要危害

海洋石油污染绝大部分来自人类活动，其中以船舶运输、海上油气开采，以及沿岸工业排污为主。由于向周围水中释放出微小的油滴，每年在海底钻探和压裂产生的石油污染废水达 1 000 亿桶。由于石油产地与消费地分布不均，因此，世界年产石油的一半以上是通过油船在海上运输的，这就给占地球表面 71%的海洋带来了原油污染的威胁，特别是油轮相撞、海洋油田泄漏等突发性石油污染，更是给人类造成难以估量的损失。

比如 1991 年的海湾战争造成的输油管溢油，使 200 多万只海鸥丧生，许多鱼类和其他动植物也在劫难逃，一些珍贵的鱼种已经灭绝，美丽丰饶的波斯湾变成了一片死海，海洋石油污染对海洋生态系统的破坏是难以挽回的。主要体现在：石油漂浮在海面上，会迅速扩散形成油膜，经过扩散、蒸发、溶解、乳化、光降解以及生物降解和吸收等进行迁移、转化等过程后，油类黏附在鱼鳃上，导致鱼窒息，抑制水鸟产卵和孵化，降低水产品质量。油膜形成亦会阻碍水体的复氧作用，影响海洋浮游生物生长，破坏海洋生态平衡，此外也破坏了海滨风景，影响海滨美学价值。

（三）处理方法

海上溢油不仅破坏海洋环境，而且还存在发生火灾的危险，因此，一旦出现溢油事故，一方面要尽可能缩小污染区域，另一方面要迅速消除和回收海面上的浮油。处理溢油的一般方法，是用围油栅将浮油围住后，一边用浮油回收器进行回收，一边喷洒消油剂，使原油尽快形成能消散于水中的小油粒。在原油扩散后，清除海洋、江河、湖泊石油污染是非常困难的，目前仅限于化学破乳、氧化处理方法进行分解处理和机械物理的方法进行净化吸附。另外，防止油水合二为一的唯一选择是喷洒清除剂，因为只有化学药剂才能使原油加速分解，形成能消散于水中的微小球状物。清除水面石油污染还有一些物理方法，如用抽吸机吸油，用水栅和撇沫器刮油，用油缆阻挡石油扩散。英国有一位农场主发明了一种用机编禾草排治理石油污染的方法，不仅能防止石油在海中扩散，而且能吸收比自身质量多 15 倍的石油，可防止油轮流出的石油污染水岸，禾草中又以大麦秸秆治污最为有效。1992 年，一艘油轮在设德兰群岛附近失事后，在海上放置了 22 千米长的禾草排，从而保护了海滨浴场和渔场不致遭受污染。而俄罗斯莫斯科精细化工科学院的奥列格·乔姆金教授研制出了用农作物废料清除石油污染的全新方法。演示实验中，乔姆金在一盆水中挤了几滴重油，水盆中顿时漂起了一层薄薄的油花，紧接着乔姆金向水盆中撒入了一小撮稻米壳，几分钟后水盆中的油迹开始减少，2 小时后水盆中的油迹完全消失了。此外，多伦多大学和伦敦帝国理工学院的科学家们也开发了一种新的海绵，可以在十分钟内从废水中去除多达 90%的油微滴。科学家在第一代海绵中使用聚氨酯泡沫从废水中分离出微小的油滴。第二代海绵改进设计涉及添加微小的纳米晶体硅，这些颗粒使海绵捕获并保留了油滴，并在孔表面形成涂层，这一过程称为临界表面能，使油滴被紧紧抓住，可以帮助清理被近海钻井污染的海水。

此外，在海岸线溢油污染事件中，生物修复法逐渐受到人们重视。海岸线自然环境复杂，在实际应用中生物修复法存在氮磷营养物质不足、石油降解率低等多种问题。而生物强化技术可以较好地克服生物法用于海岸线石油污染治理中的不足，提高对石油污染的处理效果。比如有学者通过研究发现：最优条件下复合菌剂对于大港原油中烷烃和芳烃的降解效果都很好，大多数物质的降解效率能达到50%以上，有的甚至是90%以上。因此优化降解条件有助于后期复合菌剂用于现场试验时能够更高效地处理海岸线石油污染。① 值得注意的是，在众多修复海洋原油污染的方法中，微生物修复和光氧化降解被认为是两个最有效的原油降解途径。微生物降解具有成本低、污染小的特点，但易受环境因素的影响。光降解可以使有机物分子完全降解或增大其溶解性，但操作成本相对较高。因此将二者联合用于海洋原油污染物降解比单一方法更具发展潜力。②

三、海洋垃圾

大西洋沉积物中塑料添加剂（紫外线吸收剂）的污染水平早在20世纪60年代就呈急剧升高的趋势，而在1972年，Carpenter和Smith在北大西洋马尾藻海域西部表层水体中发现了高达3 500个/平方千米的塑料碎片。这些主要由塑料瓶、塑料袋、

① 陈烨同．生物强化技术用于海岸带修复的研究［D］．北京：中国石油大学，2017.

② 崔玲君．海洋原油污染物的降解方法研究［D］．青岛：中国海洋大学，2015.

废弃渔网渔具以及各种塑料碎片等组成的巨型海洋塑料垃圾带随海洋洋流逐渐形成，其中有5个在太平洋、大西洋和印度洋上被相继发现和证实，由此引起全社会对塑料污染和对塑料合理使用的关注。

海洋垃圾可以分为海面漂浮垃圾、海滩垃圾和海底垃圾，其中海面漂浮垃圾对海洋生物的影响最大。根据《2020年中国海洋生态环境状况公报》显示，这些海洋垃圾的来源有：工厂废弃物的排放、沿海水域的农药污染、生活污水的排放、塑料垃圾的倾倒等。其中又以塑料垃圾的污染量最大，影响最为恶劣，如图5-2所示。

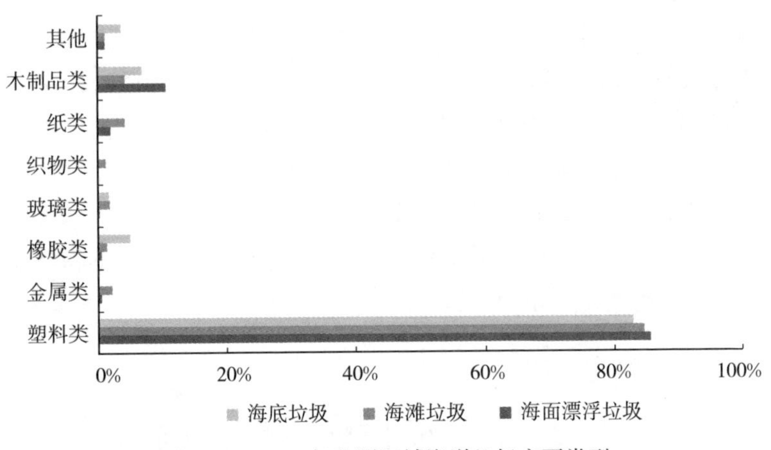

图5-2　2020年监测区域海洋垃圾主要类型

（一）污染现状

统计数据显示，海上目测漂浮垃圾平均个数为27个/平方千米，表层水体拖网漂浮垃圾平均个数为5 363个/平方千米，平均密度为9.6千克/平方千米，其中海洋塑料类的垃圾数量最多，主要为泡沫、塑料瓶和塑料碎片等。海滩垃圾平均个数为216 689个/平方千米，平均密度为1 244千克/平方千米，其中海滩塑料类垃圾数量最多，占 84.6%，塑料垃圾主要为香烟过滤嘴、泡沫、塑料碎片、塑料袋、塑料绳和瓶盖等。海底垃圾平均个数为 7 348 个/平方千米，平均密度为 12.6 千克/平方千米，其中海底塑料类垃圾数量最多，占 83.1%，主要为塑料绳、塑料碎片和塑料袋。“十三五”期间，近岸海域海洋垃圾密度呈波动变化。海洋塑料垃圾污染也是当前国际社会关注的热点，同时是近期国际政府间谈判的重点。截至 2019 年全球塑料累积生产量已高达 92.33×10^8 吨，由此也产生了大量塑料垃圾，并且塑料垃圾人均产生量与国家经济发展水平呈明显相关性。同时，由于全球塑料过度消费及不完善的废弃物回收和处理体系，每年有 5.7×10^4～26.5×10^4 吨的陆源塑料垃圾通过河流进入海洋。①

据欧洲塑料协会②统计，全球塑料产量从 1950 年的 170×10^4 吨激增至 2019 年的 3.68×10^8 吨，塑料累计产量高达 92.33×10^8 吨，并预测 2050 年全球塑料制品产量将达到 24×10^8 吨，是 2019 年塑料产量的 6 倍以上。全球塑料垃圾产生量还与各国经济发展水平有直接关系。据研究统计，美国、英国、科威特、德国、荷兰和爱尔兰等经济发达国家人均塑料垃圾产生量最高，而印度、莫桑比克等国家人均塑料垃圾产生量仅为 0.01 千克/天。总体上，经济发达国家人均塑料垃圾产生量远高于经济欠发达国家。这是由于生活便利化驱动的快速消费模式更加大了对一次性塑料包装的需求，导致用于包装的塑料占比一直处于较高比例，塑料包装是塑料垃圾的主要组成部分。

对于回收利用的塑料垃圾，2017 年之前中国一直是经济发达国家塑料垃圾的主要输出地。据统计，仅 2016 年中国进口塑

① 安立会，李欢，王菲菲，等．海洋塑料垃圾污染国际治理进程与对策 [J]. 环境科学研究，2022，35 (6).

② 欧洲塑料协会．https：//plasticseurope. org.

料垃圾就高 734.7×10^4 吨，占当年全球塑料垃圾出口总量的65%，占我国当年再生利用塑料的近40%。日本、美国、德国、比利时、澳大利亚和加拿大6个经济发达国家每年向我国出口的塑料垃圾占我国塑料垃圾进口总量的76%以上，其中约有25%的塑料垃圾是通过香港口岸进入我国内陆地区，因此在相当长的一个时期我国承担了全球塑料垃圾处理的额外责任，但也对我国生态环境造成了严重影响。随着我国在2017年实施严格的“禁废令”，结束了每年超过 $1\,000\times10^4$ 吨塑料垃圾的进口历史，也迫使发达国家开始向东南亚国家转移塑料垃圾。随着2019年联合国环境署通过《巴塞尔公约》修正案，发达国家的塑料垃圾由出口被迫转向自行解决，进而也促使各国加大塑料垃圾源头减量和资源化再生利用，努力提高塑料的使用效率。①

（二）主要危害

根据国家生态环境部门2020年对全国49个区域开展的垃圾监测，可以看出，无论是海洋垃圾、海滩垃圾，还是海底垃圾，均是塑料类垃圾的污染最为严重。海洋微塑料也是近年来国际社会比较关注的一个新环境问题，联合国环境署等组织呼吁大家共同应对塑料污染这一环境挑战。

海洋塑料垃圾污染不仅造成视觉污染影响旅游产业发展，堵塞船舶动力系统危害海洋航运安全，还会缠绕生物威胁海洋生物尤其是濒危物种的安全，并在环境中降解破碎后产生微塑料，进而对生物健康产生更持久的危害。现有证据表明海洋塑料垃圾与微塑料已影响了全球500多种海洋物种安全。另外，近年在人体组织、排泄物尤其新生儿体内相继检出微塑料更是引起公众对塑料污染影响人体健康的广泛担忧。

---

① 陈伟强，简小枚，汪鹏，等．全球塑料循环体系演化与我国的应对策略[J]．资源再生，2020（1）：38－39.

海洋中的微塑料主要有三个来源：一是暴风雨把陆地上掩埋的塑料垃圾冲到大海里；二是海运业中的少数人缺乏环境意识，将塑料垃圾倒入海中；三是各种海损事故，货船在海上遇到风暴，甲板上的集装箱掉到海里，其中的塑料制品就会成为海上“流浪者”。这些来源又可以分为两类：陆基来源和海基来源，并有研究推测 80%以上的海洋塑料垃圾是陆基来源。与内陆国家和地区相比，沿海和海岛国家的塑料垃圾会因风暴潮、地震等自然灾害或通过河流更易进入海洋，如 2011 年日本东北部地震引发的海啸导致大量垃圾包括塑料垃圾进入太平洋海域。

需要注意的是，海洋中的微塑料是一种粒径很小的塑料颗粒以及纺织纤维，被称为“海洋中的 PM2.5”，对海洋生态安全带来风险。海洋微塑料因其难以降解从而污染持续时间长，不少生物会将其当做食物误食从而造成中毒甚至死亡，严重破坏了生态平衡。比如美国的奥斯本轮胎暗礁事件。20 世纪 70 年代初美国政府本欲将 200 万个废弃硫化橡胶轮胎处理的同时打造一个海洋栖息地，但事实却是成捆的轮胎四分五裂后被冲上海滩，成为了一道最为独特的“灾害奇观”，并对海洋生物的生存构成严重威胁，被破坏的海洋生态环境变得更为脆弱至今未能恢复，而美国政府为了清理这些轮胎垃圾，他们耗费了大量的资金甚至出动了军方去清理，付出了非常昂贵的代价。

有研究预测，如不采取有力措施加强陆基塑料垃圾管理，每年流入海洋的塑料总量将从 2016 年的 $1\ 100\times10^4$ 吨增至 2040 年的 $2\ 900\times10^4$ 吨，届时海洋塑料垃圾赋存量将会是目前的 4 倍以上①，甚至有报告预测到 2050 年海洋塑料垃圾重量将超过海洋

① Lau W W Y，Shiran Y，Bailey R M，et al. Evaluating scenarios toward zero plastic pollution [J]. Science，2020，369 (6510)：1455 - 1461.

鱼类资源量。[1] 最近的一项研究称，新冠肺炎疫情暴发后，全球193个国家和地区产生了 840×10^4 吨与疫情防护有关的塑料垃圾，其中有 2.59×10^4 吨进入了海洋，增加了海洋塑料垃圾来源的不确定性。[2] 因此，全面掌握海洋塑料垃圾主要来源和入海途径，并科学估算塑料垃圾的入海通量，是当前亟待解决的科学难题之一，也是从根本上解决海洋塑料垃圾污染的科学基础。[3]

（三）相关对策

海洋污染与陆上污染不同，其具有治理难度系数极大、污染范围不稳定且面积广、治理成本高、治理效果不乐观等特点。无论是陆上对海洋的污染，还是船舶等对海洋的污染，其结果都是对人类、海洋生物乃至整个生态系统造成影响。海洋污染是海洋环境质量从好至坏的一个渐变的过程，造成其结果的因素多种多样。因此只抓单项治理并不能真正解决海洋污染问题，保护海洋环境，要从源头做起，以预防为主，治理为辅，全方位、多方面地遏制海洋污染。

我国从2016年开始已经组织开展了海洋微塑料的试点监测，初步掌握了我国重点海洋海域和海洋生物体内的微塑料污染情况。我国开展了海洋微塑料的专项研究，2016年“海洋微塑料监测和生态环境效益评估研究”纳入科技部国家重点研发计划海洋环境安全保障专项。2017年国家海洋环境监测中心成立了海洋垃圾和微塑料研究中心，着力开展海洋垃圾和微塑料的污染防治相关技术、方法和管理对策研究。2020年，在黄海、东海和

---

① Ellen Macarthur Foundation. The New Plastics Economy：Rethinking the Future of Plastics [R]. 2020.

② Peng Y M，Wu P P，Schartup A T，et al. Plastic waste release caused by COVID-19 and its fate in the global ocean [J]. Proceedings of the National Academy of Sciences of the United States of America，2021，118 (47)：e2111530118.

③ 安立会，李欢，王菲菲，等．海洋塑料垃圾污染国际治理进程与对策 [J]. 环境科学研究，2022，35 (6).

南海北部海域开展了 5 个断面的海面漂浮微塑料检测工作。监测断面海面漂浮微塑料平均密度为 0.27 个/立方米，最高为 1.41 个/立方米。

此外，为加强塑料污染防治，国家发展改革委和生态环境部等部门相继联合印发了《关于进一步加强塑料污染治理的意见》《关于扎实推进塑料污染治理工作的通知》和《“十四五”塑料污染治理行动方案》，积极推动塑料生产和使用源头减量，大力开展重点区域清理整治，有序推进环境友好型塑料替代材料的研发和使用，加强塑料全生命周期管理。针对全球海洋塑料垃圾污染，多个国际和区域组织积极推进国际治理进程，其中联合国环境大会已连续四次通过海洋塑料垃圾治理决议，建立一个新的具有法律约束性的塑料污染全球公约已成为可能。

特别是由于过度利用海洋资源产生了海洋垃圾，近几十年来我国的沿海经济遭受了一定的影响，最直接地影响到了以海洋养殖为业的人们。为积极应对未来国际公约谈判，我国提出在参与全球塑料垃圾治理进程中应坚持预防原则、三方共治原则（政府、企业和消费者）和共同但有区别的责任原则，从基层、从群众抓起，重视海洋环境的保护，营造海洋环境保护的社会氛围，积极应对全球海洋塑料垃圾污染。加大宣传力度，让民众认识到海洋对人类的重要性，要为周边、全国乃至全世界的海洋环境做出切实保护措施。注重普及海洋资源的重要性，以及相关开发利用管理法律法规，引导企业合理开发利用资源，严惩违法行为。延伸塑料材料和制品的产业链和价值链，进而全部覆盖塑料生产、消费和废物回收处置的上中下游，同时加强关键环节管理，预防控制塑料垃圾进入环境和汇入海洋。同时深入校园，培养青少年自觉保护海洋环境的观念。此外，我国也努力践行全球海洋生命共同体的可持续发展理念，为实现 2030 年可持续发展议程目标贡献中国智慧。

第二节　保护和合理利用海水资源

21 世纪是海洋的世纪，海洋蕴藏着人类可持续发展的宝贵财富，保护和合理利用海水资源是推动世界经济贸易可持续发展和维护国家安全的重要屏障。根据中国统计年鉴数据显示，我国淡水资源人均水资源量仅为 2 068.31 立方米，只有全球平均水平的 1/4，淡水资源贫乏。水利部及国家统计局数据显示，我国沿海 11 省区市创造了全国 67%的国内生产总值，而其水资源拥有量只占我国水资源总量的 1/4。全国淡水资源时空分布不均，用水供需矛盾长期存在。大力推动海水资源利用及有关产业发展，保护和合理利用海水资源，可以有效缓解淡水资源短缺的问题，对于弥补淡水资源缺口，保障水安全和水平衡具有重要意义。①

21 世纪资源日趋匮乏，世界各国再次把目光投向了约占地球面积 71%的蓝色海洋，开启了新一轮的海洋争夺战。顺应时代的潮流，充分利用我国濒海大国的资源优势，把我国由一个海洋大国建设成一个海洋强国成为新世纪我国海洋开发的战略定位。2003 年《全国海洋经济发展规划纲要》首次提出了建立“海洋强国”的目标，把认识海洋、经略海洋、向海洋进军、开发利用海洋资源、造福人民提到了一个新的高度。2008 年 2 月 7 日，国务院批准了《国家海洋事业发展规划纲要》。作为新中国成立以来首个国家颁布的海洋领域总体规划，《国家海洋事业发展规划纲要》为我国海洋事业全面、协调、可持续发展，加快建设海洋强国提供了有力的政策保障。全面经略海洋，落实“建设海洋强国”战略目标，促进我国从海洋大国向海洋强国转变，是实现新时代中

---

① 李琛，胡恒，姚瑞华，等．我国海水资源利用制度存在的问题及完善路径[J]．环境保护，2021，49（11）：28－33.

国特色社会主义发展战略安排和中华民族伟大复兴的重要一环。党的十八大报告从战略高度对我国海洋事业发展做出了全面部署，明确指出要“提高海洋资源开发能力，发展海洋经济，保护海洋生态环境，坚决维护国家海洋权益，建设海洋强国”。党的十九届五中全会提出“十四五”时期经济社会发展的主要目标包括生态文明建设实现新进步，国土空间开发保护格局得到优化，生产生活方式绿色转型成效显著，能源资源配置更加合理、利用效率大幅提高，主要污染物排放总量持续减少，生态环境持续改善，生态安全屏障更加牢固，城乡人居环境明显改善等发展规划。因此，在海水资源利用产业发展的过程中，也需要深入践行生态文明理念，进一步提高资源配置水平和效率，减少污染物排放总量。保护和合理利用海水资源应做到增强海洋资源保护的意识，制定海水资源开发利用政策，提高海水资源开发利用水平。

一、增强海洋资源保护的意识

增强海洋资源保护意识是保护和合理利用海水资源的重要因素。一方面可以根据海洋海域实际情况制定和实施区域海洋生态环境保护法规及细则，为海洋资源的有序开发利用与保护提供法律依据；另一方面，海洋环境执法监察体系应形成覆盖海域的执法监察监视网络，认真履行对海洋工程、海岸工程、海洋倾废、海洋生态保护等的监督管理职能。特别是可以按照分区分级管理原则，及时发布海洋环境信息，做好海洋环境保护工作，加大对海洋环境监测监视的投入，不断提高宏观管理能力。

（一）严守海洋生态红线，强化海洋资源管控

严守海洋生态红线，强化海洋资源管控是保护和合理利用海水资源的基础。在 2017 年 3 月由国家海洋局印发的《海岸线保护与利用管理办法》是我国首个专门关于海岸线的政策法规性文件，应严格执行，加大海岸线保护与管理力度，特别是对于原生

自然岸线，应实施最严格保护制度。一是应强化海岸线整治修复力度，严禁占用自然岸线进行围填海等开发活动，提高人工岸线集约、节约利用水平。二是对于海洋保护区、重要滨海湿地、重要渔业海域等其他类型的海洋红线区，实施针对性管控措施，确保海洋生态红线制度落实到位。三是建立健全海岸线动态监测机制，综合运用卫星、航空遥感和海上监测等多种技术手段，采用数字化、可视化、网络化等多种方式，构建海岸线动态监视监测网络，对粤港澳大湾区海岸线实行全方位、实时、动态、立体化监测。四是创新海洋生态环境监管制度，加快完善海洋生态保护管理机制，从严查处海洋环境污染违法事件，强化海洋环境督察与责任追究。

（二）强化海域生态保护，加大生态修复力度

海域生态系统服务功能及其生态价值是社会与环境可持续发展的基本要素。保护典型海洋生态系统、重要渔业水域及海洋生物多样性，推进海洋生态整治修复，重点在于：一是要加大红树林、珊瑚礁、海草床、河口、滨海湿地等典型海洋生态系统，以及产卵场、索饵场、越冬场、洄游通道等重要渔业水域的调查研究与保护力度。二是推进重要海洋自然保护区和水产种质资源保护区的建设与管理，加强海洋生物多样性本底调查，加大海洋保护区选划力度。三是因地制宜采取红树林栽种、珊瑚海草移植、渔业增殖放流、人工渔礁建设等多种修复措施，逐步恢复海域的生态功能。四是推进海湾综合整治工程，修复受损岸线、增加滨海湿地面积，有效控制围填海规模。

（三）减少陆源污染排放，加强海上污染管控

海洋是陆海水循环中污染物的最终集聚场所。因此，加强近岸海域污染防治，改善海洋生态环境质量，是加强海洋保护的重要途径。一是要规范入海排污口设置，突破行政区限制，合理规划布局排污口，加强入海排污口分类管理。二是按照水质反退化

原则，加强入海河流综合整治，确保入海河流水质逐步改善，强化深圳河等重污染河流的系统治理，深化河海污染联防联控联治。三是提高涉海项目环境准入门槛，加强沿海城市污染物排放控制与管理，严格控制围填海和占用自然岸线的建设项目，加强沿海工业企业环境风险防控。四是加强海上污染源控制与风险防控，严格按照相关规定处置船舶污染物，达到船舶水污染物排放标准要求。五是加强海水养殖污染防控，发布养殖水域滩涂规划，优化水产养殖发展空间和布局，转变水产养殖生产方式，发展水产健康养殖模式，完善水产养殖环保要求，加强养殖投入品管理。六是要从严管控入海垃圾排放，禁止海洋倾废活动，加大海上溢油及危险化学品泄漏等污染防范力度，强化海洋环境监管与督查能力建设。七是根据不同地区的实际情况，调整产业结构和产品结构，转变经济增长方式，发展循环与绿色经济，摒弃“先发展后治理”的观念。对重点工业的污染源实施更大力度的管理控制，从源头治理污染，逐步实现全过程清洁无害、无污染生产。提高企业家治理自家生产污染物的意识，培养专业技术人员，实现对污染物的就地处理，并保证治理的效果，避免大面积或者二次污染。

二、制定海水资源开发利用政策

制定海水资源开发利用政策是保护和合理利用海水资源的有力措施。世界主要沿海国家均把维护国家海洋权益、发展海洋经济、保护海洋环境列为本国的重大发展战略。我国也把海洋资源开发作为国家发展战略的重要内容，把发展海洋经济作为振兴经济的重大措施。针对不同海域，需要因地制宜，对症下药，现存的海洋法律法规需要不断完善、健全。海洋资源的开发需要强有力的监督管理体系来制约，保证海洋行业的有序发展，避免由于不恰当的开发利用造成海洋污染。20 世纪 90 年代，在《联合国海洋法公约》和《21 世纪议程》生效之际，我国积极加入海洋大开发的行列，根据国情适时制定了一系列国家海洋政策和海洋法规，形成了比较全面的海洋开发体系，充分利用我国海洋资源优势，大力促进统筹海洋开发利用。海洋开发为我国改革开放和经济增长做出了积极的贡献。

根据全国人大颁布实施的《中华人民共和国海域使用管理法》《中华人民共和国海洋环境保护法》等，我国海洋环境保护建立了由环保部门统一指导、协调和监督，涉海部门分工协作，各级地方政府对辖区环境质量负总责的海洋生态环境保护机制。在这种机制下，为了保护和合理利用海水资源，保持海洋环境的良好状态，各级地方政府应完善相关的海水资源开发利用政策。从表 5-4 可以看出，目前我国尚未出台针对于海水资源开发和利用的专项法律、行政法规、部门规章以及地方性法规。关于海水资源开发和利用的规章、规定多数分散在相关的法律法规中，其界定范围很难衡量海水资源开发和利用现状。海洋开发与综合管理的法律制度有待进一步明晰和完善，特别是需要加快对关键条例的界定、空白条款的补充工作，加强海洋开发法律法规的科学性。除此之外，由于缺乏系统的立法保护，在对海洋开发进行监管的过程中，还存在缺乏宏观指导和统一协调机制的问题。众多涉海部门往往根据各自的发展需要编制和实施规划，对危害我国海洋生态发展的开发活动缺乏有力的执法行动，致使局部海域开发行政管理和执法秩序混乱。

表 5-4　海水资源开发和利用的相关法律法规、政策文件

序号	名称	颁布/修正时间	相关条款/内容
1	《海水淡化利用发展行动计划（2021—2025)》	2021年	着力推进海水淡化规模化利用，提升海水淡化科技创新和产业化水平

（续）

序号	名称	颁布/修正时间	相关条款/内容
2	《中华人民共和国循环经济促进法》	2018 年修正	第二十条　国家鼓励和支持沿海地区进行海水淡化和海水直接利用，节约海水资源
3	《关于促进海洋经济高质量发展的实施意见》	2018 年	海水淡化装备研发制造等工程被列入重点支持领域
4	《自然资源科技创新发展规划纲要》	2018 年	大力发展海水及苦咸水资源利用关键技术，形成规模化利用示范
5	《关于建设海洋经济发展示范区的通知》	2018 年	提升海水淡化与综合利用水平，推动海水淡化产业规模化应用示范
6	《中华人民共和国海洋环境保护法》	2017 年修正	第三十六条　向海域排放含热废水，必须采取有效措施，保证邻近渔业水域的水温符合国家海洋环境质量标准，避免热污染对水产资源的危害
7	《全国海洋经济发展“十三五”规划》	2017 年	重点推进海水淡化提供体制改革，将海水淡化产业规模化应用示范
8	《海岛海水淡化工程实施方案》	2017 年	推进海岛海水淡化工程建设，确保海岛水资源供应
9	《节水型社会建设“十三五”规划》	2017 年	加大雨洪资源、海水、中水、矿井水、微咸水等非常规水源开发利用力度
10	《中华人民共和国水法》	2016 年修正	第二十四条　在水资源短缺的地区，国家鼓励对雨水和微咸水的收集、开发、利用和对海水的利用、淡化

（续）

序号	名称	颁布/修正时间	相关条款/内容
11	《全国海水利用“十三五”规划》	2016年	扩大海水利用规模、培育壮大海洋产业
12	《全民节水行动计划》	2016年	沿海缺水城市和海岛，要将海水淡化作为水资源的重要补充和战略储备
13	《全国海洋主体功能区规划》	2015年	加快海水综合利用产业发展
14	《关于加快发展海水淡化产业的意见》	2012年	加快发展海水淡化产业
15	《关于促进海水淡化产业发展的意见》	2012年	《关于加快发展海水淡化产业的意见》的落实文件
16	《全国海洋功能区划（2011—2020年）》	2012年	鼓励海水综合利用
17	《中华人民共和国海岛保护法》	2009年颁布	第十七条　国家保护海岛植被，促进海岛淡水资源的涵养；支持有居民海岛淡水储存、海水淡化和岛外淡水引入工程设施的建设
18	《海水利用专项规划》	2005年	加快海水利用，促进水资源的可持续利用
19	《中华人民共和国海域使用管理法》	2001年颁布	第二条　在中华人民共和国内水、领海持续使用特定海域三个月以上的排他性用海活动，适用本法

资料来源：根据《我国海水资源利用制度存在的问题及完善路径》相关资料整理。

比如，在现行海域使用管理制度框架下，取/排海水资源本身所直接涉及的用海方式为取/排水口用海和温排水用海。以取水活动为例，海水资源利用中的取水活动是指将海水资源从海域中汲取出来，再对汲取出的一定质和量的海水加以利用。其用海目的是获取海水资源，活动本身占用的空间资源十分有限。因此，仅以空间范围界定用海的方式难以反映取水用海的实际状况，而以取水规模计算则更具合理性。现行用海范围界定方式虽便于操作，但不符合海水资源利用活动的用海目的，且以统一标准简单计算海域面积难以反映用海实际状况。与此对应海水资源有偿使用制度也难以合理反映海水资源的经济价值和生态价值。海域立体设权制度的不明确也导致海域资源利用效率的降低。值得注意的是，从资源管理视角看，现有海水资源利用制度也存在难以满足海洋资源管理需要、难以科学反映海域资源的价值、难以合理利用海水资源促进产业发展等问题。

基于上述问题，应制定海水资源开发利用政策，完善海水资源产权制度，促进海水资源节约与集约利用，提高海域资源利用效率。

（一）法律法规层面

《海域使用管理法》规定的海域使用管理制度既包括对海域空间资源的管理，也包括对海域空间内海水水体资源的使用管理。《海域使用管理法》第二条明确规定，海域包括水面、水体、海床和底土。虽然法律制度中存在将海域内自然资源管理与海域空间资源管理相分离的相关规定，但在我国现有法律制度体系中，蕴藏在海域中能作为法律意义上的自然资源单独存在的，仅有矿产资源和野生动植物资源两类。陆地上的淡水资源经《中华人民共和国水法》（以下简称《水法》）确认，得以与土地资源相分离，但《水法》已明确不适用于海水资源。并且从逻辑及法理上看，海域资源与海水水体资源彼此依存，难以割裂。

（二）技术条件层面

从技术条件上来看，海域使用管理技术可以实现对海水资源的有效管理。经过多年的发展，海域使用动态监视监测、海域使用论证、海域评估等海域使用技术支撑能力显著提升。从平面化的海域使用管理迈向立体化的海域使用管理、从对海域空间资源的使用管理步入对海域资源的综合使用管理的技术条件已完全具备。因此，依据《海域使用管理法》规定的海域使用管理制度对海水资源进行管理是我国现行海水资源开发利用相关法律制度规定适宜的行为。

（三）海水资源利用层面

从海水资源利用的海域使用权来看，可采用海域立体设权方式，在海水资源利用活动中，明确在温排水用海及排水口用海中采用海域立体设权方式，对于提高海域集约利用程度和海域空间资源的产权效率，更好地实现海域使用权的经济价值具有重要意义。海水资源利用在空间上的排他性是有限的，不同用海活动对海域自然属性的影响程度、影响方式以及影响区域均不相同。例如，在各类用海活动中，海水资源利用与填海造地用海恰恰相反，前者对海域空间无明显影响，虽然取/排水活动可能对海水质量产生影响，但可以与除养殖用海、旅游娱乐用海以外的其他所有用海方式兼容，而后者会彻底改变海域自然属性，属于完全排他性用海活动。又如温排水用海虽然设定了较大范围的空间使用权，但因其利用的主要是海域环境容量，因此海域使用权人对确权范围内海域空间的实际占有和控制权利是有限的，且主要是温排水用海活动对其他用海活动产生影响，极少出现其他用海行为侵害温排水权利人海域使用权的情况。然而现有海域使用管理法律制度中并没有关于海域立体设权的规定，但其已有相关理论和实践基础。例如，2014 年田湾核电站温排水区所用海域与拟建的连云港海滨大道跨海大桥施工海域重叠，导致跨海桥梁无法确权。原国家海洋局经研究提出海域立体设权的概念，即在不改变核电站温排水确权面积、不影响核电站温排水功能的情况下，把与温排水区重叠的海域同时确权给跨海大桥海域使用权人。

（四）有偿使用制度层面

从海水资源利用有偿使用制度层面，应完善海水资源利用有偿使用制度，合理界定海水资源价值。有偿使用制度是《海域使用管理法》确立的一项基本制度，即先通过对海域分类定级与对海域使用权基准价进行测算，确定海域使用金征收标准，再以对海域使用金的征缴和减免管理，明确海域使用金使用管理等制度，从而实现对国家所有海域资源的合理配置和最佳利用。2018年，财政部会同原国家海洋局印发通知，对海域使用金征收标准进行了调整。涉及海水资源利用的调整主要包括取/排水口用海的征收标准从0.45万元/公顷调整为1.05万元/公顷，增幅约133%。此外，通知还明确了温、冷排水用海也按照1.05万元/公顷征收海域使用金。上述海域使用金征收标准的调整在一定程度上反映了海水的资源价值和生态价值，但仅仅从单价上调整仍难以合理反映海水资源利用的实际情况。而构建海水资源有偿使用制度可以是以下措施：第一，合理确定海水资源利用海域使用金的征收标准，区分取水口用海与排水口用海。在综合考虑海域资源条件、生态环境状况和社会经济发展程度，科学评估海域空间资源利用效益和生态环境损害成本的基础上，结合海水资源利用活动的特点，对取水口用海和排水口用海按照不同的计价方式征收海域使用金。第二，在明确深海离岸取/排水用海时，海域使用金可按一定比例减征。由于深远海取/排水对海洋环境影响较小，为引导海水资源利用产业向深水远岸布局，建议参照填海造地用海的海域使用金征收模式，对深海、离岸取/排水的用海活动，按一定比例减征海域使用金，从而鼓励用海主体采用有利于海洋环境的取/排水方式。第三，明确用于市政供水的海水淡化用海活动属于公益性用海，其享受海域使用金征收减免。目前，海水淡化企业多属于普通市场主体，其建设的海水淡化设施多难以列入《海域使用管理法》明确的“非经营性公益事业用海”或“公共设施用海”，不能享受海域使用金征收减免政策。为鼓励将海水淡化水纳入水资源统一配置，降低海水淡化企业的用海成本，应明确用于市政供水的海水淡化用海活动可享受海域使用金征收减免政策。

（五）海水资源的优先配置层面

应建立海水资源的优先配置和强制使用制度，明确相关主体权利与义务。海水资源的优先配置和强制使用制度在我国香港地区已有多年立法实践，且在我国浙江和广东的部分电厂项目冷却设施建设实践中，也有相关代表性案例。通过《水务设施条例》和《香港水务标准规格》（楼宇内水管装置适用）等规定，香港确立了强制使用海水冲厕的制度；原计划采用海水直流冷却的浙江国华宁海电厂二期工程根据环评审查意见，改为采用海水循环冷却系统，从而有效减少了温排水量，减小了象山港的海湾环境压力；深圳福华德电力有限公司由于淡水用水指标限制，改用海水循环冷却技术，从而有效减少了大量温排水直排入海。上述个案表明，在具备海水资源利用条件的地区，对于新建的工业冷却用水项目，可以通过限制淡水资源供应等方式强制相关单位使用海水冷却。此外，对于处在海水交换条件差的半封闭海湾等地区的海水冷却项目，应强制其使用海水循环冷却方式以减少对海洋环境的损害。具体来看，可以采取以下措施：第一，明确沿海地方政府管理海水资源利用活动的责任。水行政主管部门应当合理确定地表水、外调水、海水淡化水的使用额度，在淡水资源供给中优先配置海水淡化水，允许海水淡化水优先进入市政供水系统。水务企业应当优先安排海水淡化水进入管网，避免海水淡化产能闲置与浪费。对于符合水质的海水淡化水不能进入供水管网而导致海水淡化企业产能闲置的，地方政府应承担相关责任。第二，对现有临港、临海企业和产业园区，特别是新建和扩建项目，应在项目规划、设计、审批、水资源论证等环节，扩大海水资源利用的目标和比例，逐渐缩减淡水供应量，逐步在工业用水上实现由海水替代淡水，直至原则上不再提供地表水或地下水，全部使用海水或淡化海水。第三，根据电力、石化、化工等重点行业和领域的用水需求，结合沿海地区的区位特点，支持沿海新建企业优先采用海水循环冷却系统，鼓励已建设海水直流冷却或淡水冷却系统的企业改建海水循环冷却系统，逐步扩大海水循环冷却系统在行业内应用的比重。对于处在海水交换条件差的半封闭海湾等地区的海水冷却项目，应强制其使用海水循环冷却系统。

三、提高海水资源开发利用水平

“十三五”以来，我国海洋经济增长“引擎”效能持续增强，海洋产业结构不断优化，新兴产业迅速发展壮大。海水资源作为重要的自然资源，是海洋产业系统的重要投入要素，具备生物资源价值、生境资源价值、供给服务价值和物种多样性维持服务价值等，对国家经济和社会福利有着不可或缺的影响。但长期以来人类社会对海洋的无序开发和过度使用，造成了海洋生物多样性下降、近浅海污染物扩散、海洋生态承载力弱化等现象，甚至危及海洋水产品供给潜力。我国在海洋开发过程中也存在诸如海洋开发布局不合理、过度开发与开发不足并存、海洋生态环境恶化等亟待解决的问题。

我国大规模的海洋开发活动开始于 20 世纪 70 年代末 80 年代初。大规模海洋开发起步较晚，海洋开发利用的规模有限，深度和广度均不高。海水资源开发布局、资源利用不合理。有关数据表明，我国近海油气探明储量仅占资源量的 1%，累计开采量仅占探明储量的 5%；可养殖滩涂利用率不足 60%，盐碱土地和滩涂利用率只有 45%，15 米水深以内浅海利用率不到 2%；滨海砂矿累计开采量仅占探明储量的5%。[①] 粗放型开发使得海洋资源不能集约高效利用，海洋资源综合开发利用率低于世界平均水平。除此之外，我国海洋空间开发和产业开发模式不合理，部分近海海域（海岸线资源）开发过度，而近海空间和海水资源、深远海开发利用不足，不同行业在开发布局上产生矛盾，海洋开发布局有待优化。沿海居民主要经济来源是沿海水产养殖业，海洋资源的多样性引发了不同行业对海洋的开发利用竞争。在收取利益的同时，海上作业对海洋环境造成了不同程度的污染和破坏。部分地区养殖范围无度扩张，呈现泛滥无序之势，不仅影响了海运的正常运行，海上景观以及海洋生态环境也遭受了破坏，最后也会阻碍海上水产养殖业的自身健康发展，危害到人类的利益。因此，各行各业应重视开发海洋资源过程中的不合理行为造成的污染现象，对海上水产养殖业规范管理，统一清理整治，既能保护海洋生态环境，也能促进海洋经济的健康快速发展。

因此，提高海水开发利用水平，应兼顾海洋产业发展和海洋生态保护，打造多元共建共治共享的治理格局，优化海洋开发布局，提升海洋开发创新驱动力。

（一）兼顾海洋产业发展和海洋生态保护

兼顾海洋产业发展和海洋生态保护，是合理利用海水资源的基本前提。《联合国海洋公约法》综合了发展和环境的关系，强调资源的公平而有效的利用及海洋生物资源的保护，是推动可持续发展的先驱。党的十八大以来，习近平总书记相继做出了“要下决心采取措施，全力遏制海洋生态环境不断恶化的趋势”“海洋是高质量发展的战略要地”“必须进一步关心海洋、认识海洋、经略海洋”“高度重视生态文明建设，持续加强海洋环境污染防

① 白天依．实施海洋强国战略必须加强海洋开发能力建设［J］．中州学刊，2019（4）：85－90.

治，保护海洋生物多样性，实现海洋资源有序开发利用，为子孙后代留下一片碧海蓝天”等一系列重要指示。我们在开发海洋资源的过程中，同时必须要考虑海洋环境的经济、社会、健康和文化价值，充分认识到经济发展的潜力以及污染对海洋环境、生态平衡、资源及其合理利用所构成的威胁。

（二）打造多元共建共治共享的新时代海洋生态补偿格局

打造多元共建共治共享的新时代海洋生态补偿格局是有效保护海洋生态的基本保障。应形成“多元有责、多元尽责”的海洋生态补偿治理共同体，强调在经济活动中，居民和企业应依据“谁使用谁保护，谁污染谁付费”的基本原则，加强管控自身生产经营、生活使用过程，自觉实施低污染高效率的资源利用和环境保护行为，从根源上缓解海洋资源过度使用、海洋生态环境日益恶化的压力。政府在海洋生态保护中应充分利用经济补偿的杠杆作用，科学化、合理化地开发、开放海洋领域，在建设海洋生态制度、执行海洋生态法律法规、推进海洋生态文明建设等方面发挥积极作用，提高海水资源开发利用水平。

（三）优化海洋开发布局

优化海洋开发布局，是提高海水资源开发利用水平的重要途径。提高海洋资源有序开发和集约、循环利用，首先应优化调整近岸海域开发模式。根据海洋资源多层次和多功能性特点，科学规划海洋资源开发布局，统筹协调陆海、近岸、深远海资源配置和开发；针对不同开发区域的开发现状，采取不同开发强度和力度的政策规划，顺应海洋开发向深海迈进的大趋势；培育发展若干资源条件优越、环境承载能力强的重点开发区域，增强专属经济区、大陆架和深海区域勘探开发力度，提高海洋资源综合利用效率。其次应完善海洋开发综合管理体制机制，强化、整合、提升国家层面海洋综合管理机构职能。治理方式从破碎走向整合、从部分走向整体、从单一走向系统，将治理理念与治理手段整合、协调过度分权与综合治理、注重结构再造与服务流程的协作。统一全国海洋开发规划，制定海洋开发重大战略和方针，有效统筹好海洋开发各项事业，统筹好中央与地方、陆地与海洋等重要关系，对涉及海洋开发的各职能部门明确分工并建立规范的协调机制，强化海洋开发的整体性治理、协作管理和体制机制创新。再次，坚持开发与保护并重的可持续发展理念。遵从海洋生态文明建设的客观需要，统筹环境与开发，坚持开发与保护并重。做好涉海开发项目对生态环境影响的评估，严格审批制度，加强监管和执法力度。最后，坚持海洋生态威胁防治和生态修复并举。健全和完善我国的海洋环境保护机制，保证在防御、整治、修复的各个阶段科学用海，统筹海洋开发和生态保护，为我国海洋环境保护事业的快速发展和海洋强国战略的顺利实施提供生态保障。

（四）积极开发海洋可再生能源

海洋可再生能源通常是指蕴藏在海水水体中的可再生能源，普遍共性是清洁、可再生，主要能量来源于太阳辐射，取之不尽、用之不竭。广义上的海洋可再生能源包括海上风电、浮式太阳能发电和海洋生物质能利用等。狭义上主要有海洋潮汐能、波浪能、温差能、盐差能、潮（海）流能等。①

根据国际可再生能源署（International Renewable Energy Agency，IRENA）的统计，全球海洋能的理论资源储量介于年发电 $45\times10^{12}\sim130\times10^{12}$ 千瓦时，大致相当于目前全球电力需求的 2 倍以上。主要的海洋可再生能源有潮汐能、波浪能、温差能等。其中温差能的开发潜力最大，超过 44×10^{12} 千瓦时。②

① 刘伟民，麻常雷，陈凤云，等．海洋可再生能源开发利用与技术进展［J］．海洋科学进展，2018，36（1）：1-18.

② 国际可再生能源署．2020 年可再生能源统计［R］．2020.

随着世界能源格局以海洋为重心做出的调整，海洋能源开发的影响愈发显著。将绿色可持续发展理念落到实处对中华民族的生存发展至关重要。积极开发海洋可再生能源则是优化区域能源结构、提升海洋经济总量和质量、促进区域经济协调发展、推动海洋经济向质量效益型转变的重要途径。

（五）提升海洋开发创新驱动力

提升海洋开发创新驱动力，实现科技兴海是落实海洋强国战略的重要举措。虽然近些年我国海洋开发利用科技水平已取得较大进步，但总体水平与发达海洋国家相比仍有差距，我国海洋（尤其是深海）科学研究、海洋科技的规模和水平与世界先进水平以及建设海洋强国的需要存在差距，我国海洋经济的增长主要依靠资源、资本和劳动力等要素的驱动，科技含量有待提高。需要注意的是，海洋开发对科学技术的依赖性大。而与海洋发达国家相比，我国开发技术装备、工程技术落后，在能量转换和能量稳定方面的关键技术亟待突破；海洋科技创新研究与产业合作机制尚不成熟，海洋科技成果应用转换率不高，海洋科技创新引领海洋产业发展的能力不足，缺乏核心竞争力。科技创新能力不足严重制约了海洋开发利用进程和海洋开发技术与经济的国际竞争力。因此，应强化海洋科技发展总体布局，提升海洋开发创新驱动力，提升深海开采成套装备制造能力，充分发挥科技创新对海洋开发的引领驱动效应，积极引进国外先进技术、人才、创新管理体制机制，推进海洋科学研究和技术应用的交流与合作；搭建国家海洋科技创新平台，强化我国海洋开发自我创新能力，培养我国海洋开发科研人才队伍；加强科技创新财政投入力度，加快推进海洋经济转型过程中核心技术如深海勘探、海洋可再生能源利用等重点海洋高技术领域研发。在开发海洋资源的同时，更有责任保护好海洋生态环境，维护人类这一共同财产，使其永续发展下去，造福后代。

图书在版编目（CIP）数据

神奇的海水 / 白福臣等编著. —北京：中国农业出版社，2023.2

ISBN 978-7-109-30417-8

Ⅰ.①神… Ⅱ.①白… Ⅲ.①海水—青少年读物 Ⅳ.①P731.1-49

中国国家版本馆 CIP 数据核字（2023）第 018984 号

中国农业出版社出版

地址：北京市朝阳区麦子店街 18 号楼

邮编：100125

责任编辑：赵 刚

版式设计：王 晨　　责任校对：吴丽婷

印刷：北京通州皇家印刷厂

版次：2023 年 2 月第 1 版

印次：2023 年 2 月北京第 1 次印刷

发行：新华书店北京发行所

开本：880mm×1230mm　1/32

印张：5.75

字数：145 千字

定价：38.00 元
